Zeit- und Selbstmanagement

Monika Rudolf

Markus Weingärtner

Zeit- und Selbstmanagement

einfach und effektiv

3., überarbeitete und erweiterte Auflage

expert

Bibliografische Information der Deutschen Nationalbibliothek
Die Deutsche Nationalbibliothek verzeichnet diese Publikation in der Deutschen Nationalbibliografie; detaillierte bibliografische Daten sind im Internet über http://dnb.dnb.de abrufbar.

Illustrationen: Peter Kaste, Westerstede

Dischingerweg 5 · D-72070 Tübingen

Internet: www.expertverlag.de
eMail: info@verlag.expert

Printed in Germany

ISBN 978-3-8169-3488-2 (Print)
ISBN 978-3-8169-8488-7 (ePDF)

Inhalt

Was dieses Buch nicht kann

Liebe Leserin, lieber Leser,

es gibt ein paar Dinge, die dieses Buch im Hinblick auf Ihr Zeitmanagement nicht leisten kann:

Sie gewinnen nicht mehr Zeit
Nach dem Lesen dieses Buches haben Sie genauso viel Zeit wie bisher – 24 Stunden am Tag. Sie können Ihre Zeit weder vermehren, noch können Sie Zeit sparen. Die Zeit vergeht ohne unser Zutun und nach 24 Stunden ist für jeden von uns wieder ein Tag vorbei. Es ist zu bezweifeln, ob regelmäßiges Zeitmanagement lebensverlängernd wirkt.

Die Aufgaben werden nicht weniger
Durch das Lesen dieses Buches leert sich nicht automatisch Ihr Schreibtisch. Nicht nur Ihr Zeitbudget bleibt konstant, auch Ihre Aufgaben und Anforderungen werden nicht weniger. Je leistungsbereiter und engagierter Sie sind, desto vielfältiger und komplexer sind zumeist Ihre Aufgaben und umso wichtiger wird Ihr Zeitmanagement.

Zeitmanagement gibt es gar nicht
Der Begriff *Zeitmanagement* ist irreführend, Zeit lässt sich nicht managen. Zeit lässt sich weder kaufen noch verkaufen oder sparen und wird daher auch nicht an der Börse gehandelt. Das Einzige, was Sie tun können, ist die Zeit zukünftig anders zu verwenden, als Sie dies bisher getan haben. Sie können Ihren Umgang mit Ihrer Zeit verändern, also an Ihrem *Selbstmanagement* arbeiten. Dennoch wird im Folgenden weiterhin der gebräuchliche Ausdruck Zeitmanagement verwendet, schließlich wollen wir hier keine Zeit mit sprachpuristischen Feinheiten verschwenden.

Es gibt kein Patentrezept für Zeitmanagement
Es gibt nicht den Königsweg zum Zeitmanagement und nicht die einzig wahre Lösungsformel für alle Zeitprobleme. Es gibt eine Menge kluger Gedanken zum sinnvollen Umgang mit Zeit und eine Reihe einfacher und bewährter Instrumente und Methoden. Aus diesem Werkzeugkasten können Sie sich die für Sie passenden Techniken heraussuchen. Was zu Ihnen passt, erkennen Sie daran, ob Sie bestimmte Techniken dauerhaft anwenden (wollen) und sie Ihnen zur

Gewohnheit werden. Bei Techniken, die nicht zu Ihrem Typ passen, die Ihnen zu kompliziert oder zu unflexibel für Ihr kreatives Naturell erscheinen, verlieren Sie schnell die Lust. Achten Sie auf Ihr Lustgefühl; Zeitmanagement soll Ihnen Spaß machen, sonst bleiben Sie nicht dabei.

Sollte Sie der eine oder andere Tipp ansprechen, dann setzen Sie ihn um. Bleiben Sie erst mal dabei, da es eine Zeit dauert, bis das Neue zur Gewohnheit geworden ist. Man sagt: wenn du 21 Mal etwas auf eine bestimmte Art und Weise getan hast, dann ist es zu einer Gewohnheit geworden.

Verlangen Sie aber nicht zu viel von sich. Nehmen Sie sich nur wenige Punkte vor, die Sie verändern wollen. Wenn diese zur Gewohnheit geworden sind, dann suchen Sie sich ein paar neue. Wenn man zu viel will, dann macht man zum Schluss gar nichts. Also nur kleine Schritte gehen! Und...

Sie fangen nicht bei Null an

Sie entwickeln Ihr Zeitmanagementsystem nicht von Null an auf dem Reißbrett, sondern Sie verändern nur Ihr bisheriges System. Sie entwickeln und kultivieren bereits lebenslang und meist unbewusst Techniken und Abläufe für Ihren Umgang mit Zeit. Vermutlich sind Sie nicht zufrieden mit Ihrem bisherigen Zeitmanagementsystem, sonst würden Sie dieses Buch nicht lesen. Da Sie sich Ihr bisheriges System aber über eine lange Zeit angewöhnt haben, müssen Sie zur Veränderung vor allem an Ihren Gewohnheiten arbeiten.

Eine alte Gewohnheit ist wie eine Autobahn, die man seit vielen Jahren immer wieder fährt. Wenn Sie sich etwas Neues angewöhnen wollten, dann verlassen Sie die alte, bekannte Schnellstraße und dann wird es erst mal holprig. Der neue Weg ist noch nicht ausgebaut, er ist staubig, mit vielen Steinen und Dellen. Wenn Sie diesen dann aber immer wieder gehen, dann wird nach und nach auch hier wieder eine Autobahn entstehen.

Zeitmanagement ist Change-Management

Sie müssen nicht nur Ihr passendes Zeitmanagementsystem entwickeln und sich daran gewöhnen, Sie müssen es auch ständig weiter verändern. Ihr Zeitmanagement soll sich an Ihrem Leben orientieren und in Ihrem Leben werden sich Aufgaben und Anforderungen ändern. Jede neue Aufgabe, jede neue Herausforderung und Veränderung der Lebensumstände erfordern neue zeitliche Prioritäten. Diesen veränderten Rahmenbedingungen müssen Sie sich anpassen. Sie sind lebenslang ein Suchender und Lernender auf dem Weg zu einem besseren Zeitmanagement.

Soweit einige vielleicht ernüchternde Anmerkungen vorab. Auch wenn Zeitmanagement an Grenzen stößt, können Sie mit Besonnenheit und Überlegung Ihr Leben effektiver, effizienter, glücklicher und entspannter leben.

Auf diesem Weg möchten wir Sie gerne begleiten. Wir möchten Ihnen helfen Ihr Leben, Ihre Arbeit, Ihre täglichen Aufgaben und Ihre Werte auf den Prüfstand zu stellen. Wir möchten Sie inspirieren, den Blick weiten, neue Wege beleuchten, Ihre Zweifel über Bord werfen und Ihnen aufzeigen, dass es auch für Sie möglich ist, in der heutigen Zeit, dem Stress Einhalt gebieten zu können.

Wir wünschen Ihnen viel Spaß beim Lesen und Durchhaltevermögen beim Umsetzen!

PS: Im Sinne einer besseren Lesbarkeit verwenden wir die *männliche* Schreibweise.

Zu allererst: Zeit ist nicht gleich Zeit

Die Zeit vergeht bei verschiedenen Menschen verschieden schnell.
(William Shakespeare)

Die Zeit empfindet jeder Mensch zu jedem Zeitpunkt unterschiedlich. Eine Stunde größten Vergnügens vergeht wie im Flug und eine Stunde in einer langweiligen Besprechung zieht sich ewig. Wenn wir in einer Sache aufgehen, vergessen wir die Zeit und wenn wir auf etwas sehnsüchtig warten, selbst wenn es nur ein Ende ist, scheint die Zeit still zu stehen. Dabei ändert sich unser Umgang mit Zeit mit zunehmendem Alter. Kleinkinder bis zu drei Jahren besitzen keinerlei Zeitgefühl, sie kennen nur die Gegenwart und die Sache, mit der sie sich gerade beschäftigen. Sie haben keine Vorstellung von Vergangenheit oder Zukunft und leben immer nur im Jetzt. Auch wenn Kinder langsam ein Gefühl für Zeit entwickeln, unterscheidet sich dieses stark von erwachsenen oder alten Menschen. Eine Wartezeit von einem Jahr oder einer Woche ist für Kinder und Jugendliche häufig nahe der Unendlichkeit (*noch ein Jahr bis zum Führerschein* oder *noch eine Woche bis zu den Ferien*), während sich Erwachsene in der Regel am Jahresende wundern, wo das Jahr schon wieder geblieben ist. Vielbeschäftigte Menschen nehmen Zeit anders wahr als Menschen mit wenigen Aufgaben. Wie Untersuchungen zeigen, leiden Vielbeschäftigte zwar in der Regel unter Zeitmangel, nehmen ihre Zeit jedoch intensiver wahr, während Menschen mit wenigen Aktivitäten sich eher langweilen, aber gleichzeitig beklagen, dass die Zeit zu schnell vergeht.

Zeit ist eine äußerst widersprüchliche Angelegenheit. In westlichen Gesellschaften mit unserer Terminfixierung betrachten wir dennoch Zeit gerne als objektives Maß. Die *Uhrzeit* ist aber lediglich ein künstliches Zeitmaß der Moderne, um gemeinsam Zeitpläne und Termine abstimmen zu können. Wie wir diese *Uhrzeiten* empfinden, ist rein subjektiv, da wir Zeit und Raum nur über unsere fünf Sinne wahrnehmen und uns damit eine eigene subjektive Wirklichkeit der Zeit konstruieren. Vergleichbar ist dies mit unserem Temperaturempfinden. Auch die Temperatur lässt sich in absoluten Größen messen, ohne damit etwas über unsere Empfindung auszusagen. Bei 15 Grad Celsius hat mancher bereits Schweißperlen auf der Stirn, während andere für ihren Pullover dankbar sind.

Entscheidend ist nicht die objektive Zeitdauer, sondern das subjektive Zeitgefühl!

Um glücklich und zufrieden zu sein, sollten Sie Ihr subjektives Zeitempfinden kennen und danach leben. Sind Sie ein Mensch, der die Dinge lieber langsam und Schritt für Schritt erledigt und dabei nicht versucht, alles gleichzeitig zu machen, oder sind Sie eher der Typ, dem es Spaß macht, mehrere Dinge parallel zu erledigen.

Das wichtigste, sowohl bei dem einen als auch bei dem anderen ist, dass Sie sich nicht zur Eile antreiben. Stress entsteht immer dann, wenn wir uns Druck machen und immer schneller werden wollen. Ein Sprichwort besagt:

„Wenn Du schnell sein willst, dann gehe bewusst langsam“ und blöderweise dreht sich das Rad immer schneller, je schneller wir im Hamsterrad laufen. Wir ziehen unwillkürlich mehr Aufgaben an. In Firmen ist es gut zu beobachten, dass demjenigen, der am Meisten wegschaufelt, immer mehr Aufgaben zugemutet und aufgebürdet werden. Und für alle Perfektionisten unter uns, die das Bedürfnis haben am Ende der Arbeitszeit alles weggearbeitet zu haben:

Es wird nicht möglich sein! Auf der Welt gibt es immer Arbeit und wird es immer Arbeit geben. Habe ich mein ganzes Haus geputzt, dann habe ich noch den Keller auszumisten, ist das letzte Beet in meinem Garten vom Unkraut befreit, dann ist es im ersten Beet schon wieder gewachsen. Wir werden nie fertig sein!

Jeder muss täglich für sich selbst entscheiden, wann er fertig ist.

Seien Sie mit dem zufrieden, was Sie heute geschafft haben und klagen Sie nicht über das, was Sie immer noch nicht erledigt haben! Wenn Sie nach diesem Grundsatz leben, dann können Sie Ihre Zufriedenheit schon ein gutes Stück steigern.

Zeit ist subjektiv
Die Uhrzeit ist ein künstliches Zeitmaß und dient der Koordinierung menschlicher Aktivitäten. Die gleiche Zeit empfinden verschiedene Menschen unterschiedlich. Entscheidend ist nicht die Uhrzeit, sondern Ihr subjektives Zeitempfinden.

Zeit ist wertfrei
Zeit lässt sich nicht managen, nicht sparen, sammeln oder aufbewahren. Ob Sie an einem Tag 1.000 Dinge erledigen oder nichts tun, nach diesem Tag sind die 24 Stunden unwiderruflich vorbei. Sie können lediglich Ihren Umgang mit Zeit ändern. Zeitmanagement ist ausschließlich Selbstmanagement.

Zeit ist relativ
Ob Sie Zeit haben, hängt nicht nur von der Fülle Ihrer Aufgaben ab, sondern von Ihrer Einstellung zu Zeit. Manche Rentner haben keine Zeit und einige Vielbeschäftigte finden immer Zeit für das, was ihnen wichtig ist. Arbeiten

Sie nicht gegen die Zeit und suchen Sie nicht Zeitprobleme. Zeitschwierigkeiten sind immer Ausreden für mangelndes Selbstmanagement, oder die falsche Einstellung bewirkt, dass Sie das Gefühl haben keine Zeit zu haben.

Zeit ist reichlich
Wir haben heute mehr Zeit als je zuvor in der Geschichte der Menschheit. Unsere Lebenszeit ist länger, die Arbeitszeit kürzer und die technologische Entwicklung hilft uns, vieles schneller zu erledigen. Dennoch leben viele im Gefühl der ständigen Zeitknappheit. Könnte es sein, dass wir vor etwas davonlaufen?

Zeit ist modeabhängig
Unser Zeitgefühl unterliegt Modewellen. In der heutigen Leistungsgesellschaft gilt Geschwindigkeit als attraktiv, Stress zu haben zeugt von Aktivität und Wichtigkeit. Gleichzeitig sehnen wir uns nach mehr Ruhe, Entspannung und Einfachheit und bewundern Menschen, die in sich ruhen. Ist es vielleicht doch möglich beides zu leben?

Zeit ist kulturabhängig
In früheren Phasen der Geschichte galt Langsamkeit und Muße als schick und als Zeichen von Wohlstand. Dies gilt nach wie vor in vielen Kulturen und Religionen der Erde. Das Leben nach der Uhrzeit ist ein westliches Lebensmodell, das Leben nach der *Ereigniszeit* ein eher südliches und östliches Modell. Wobei sich auch schon in der Zeit um Christi Geburt die Menschen mit dem Thema Zeit auseinandergesetzt haben, wie der nachfolgende erste Brief von Seneca (4 v. Chr. bis 65 n. Chr.) an Lucilius aufzeigt:
„Recht so, Lucilius. Widme Dich Dir selbst, sammle geradezu Zeit und geize mit ihr! Bis jetzt hat man sie Dir immer geraubt und gestohlen, oder sie ist Dir einfach englitten. Glaube mir, es ist so, wie ich Dir schreibe: einen Teil unserer Zeit entreißt man uns, einen anderen entzieht man uns heimlich, und der letzte zerrinnt von selbst. Doch am schändlichsten ist der Verlust, der durch eigene Nachlässigkeit eintritt. Schau nur genau hin, dann wirst Du erkennen: der größte Teil unseres Lebens entgleitet uns mit schlechten Taten, ein großer mit Nichtstun, und so geht das ganze Leben unter lebensunwerten Dingen dahin...
Tu also Lucilius, was Du in Deinem Briefe versprichst. Umarme, möchte ich sagen, alle Stunden! Nur wenn Du das Heute voll erfasst, wirst Du kein Sklave des Morgen. Schiebt man auf, so enteilt das Leben. Alle Güter des Lebens Lucilius gehören anderen, nur die Zeit ist unser Eigentum...“

Teil I - Das magische Dreieck Ihres Zeitmanagements

Eins, zwei, drei im Sauseschritt, läuft die Zeit,
wir laufen mit.
(Wilhelm Busch)

Es gibt sie: Menschen, die noch nie etwas von Zeitmanagement gehört haben und dennoch in knapper Zeit eine Menge erfolgreicher Dinge auf die Beine stellen. Wie machen die das?

Es gibt sie: Menschen, die sich ein Leben lang mit Zeitmanagement beschäftigen und dennoch ihre Zeit nicht in den Griff bekommen. Verschwenden sie ihre Zeit mit Zeitmanagement?

Es gibt sie: Eigenschaften und Verhaltensweisen, die jenseits von Instrumenten und Methoden des Zeitmanagements wesentlich dazu beitragen, dass Sie erfolgreich mit Ihrer verfügbaren Zeit umgehen. Somit sind diese Eigenschaften und Verhaltensweisen ein wichtiger Teil eines ganzheitlichen Zeitmanagements.

Die drei aus unserer Sicht wichtigsten Erfolgsfaktoren für Ihr persönliches Zeitmanagement möchten wir Ihnen nun ans Herz legen.

1. Stärken *erkennen, sich auf das Positive fokussieren*

Du kannst das Leben nicht verlängern, noch verbreitern, nur vertiefen.
(Gorch Fock)

Jeder Mensch hat Stärken und jeder Mensch hat Schwächen. Stärken und Schwächen lassen sich durchaus verändern, unabhängig davon, dass Talente auch genetisch bedingt sind. Wenn Sie in einem Bereich Stärken haben, fällt Ihnen die Tätigkeit meist leicht und geht Ihnen schnell von der Hand. Stärken führen zu einem guten Ergebnis bei geringem Energieaufwand. Sie haben vor allem Spaß, wenn Sie Ihre Stärken ins Spiel bringen können. Je mehr eine Aufgabe Ihren Stärken entgegenkommt, desto schneller kommen Sie zu einem guten Ergebnis. Ihre Stärken sind ein wesentlicher Erfolgsfaktor.

Wie lassen sich nun Stärken bewusst im Zeitmanagement einsetzen? Was ist, wenn Sie nicht über die Stärken verfügen, die Sie in Ihrem Job benötigen? Was ist, wenn Ihr Chef nicht an Ihren Stärken interessiert ist? Fragen über Fragen und zehn Tipps für mehr Stärkenorientierung im Beruf:

Sinnvolle Arbeitsteilung!
Ihr Chef kennt Ihre Stärken meist besser als Sie, zumindest sollte er sie kennen. Er ist für das Gesamtergebnis der Abteilung oder für das gesamte Unternehmen verantwortlich, deshalb ist es sinnvoll sich genau zu überlegen, welche Aufgaben er wem überträgt. Es überträgt die Aufgabe nicht dem Mitarbeiter, der am längsten braucht und ein fehlerhaftes Ergebnis abliefert, sondern dem, der sie schnell und zuverlässig erledigt. Kurzum, sowohl Mitarbeiter als auch Unternehmen profitieren davon, wenn jeder die Aufgaben übernimmt, für die er geeignet und qualifiziert ist. Daher sollten nicht alle alles ein bisschen machen, sondern jeder das, was ihm am besten liegt und woran er am meisten Spaß hat.

Allerdings machen wir oft jahrelang Tätigkeiten, die wir gut können und deshalb auch schnell erledigen, die uns aber mittlerweile langweilen.

Übernehmen Sie hier Verantwortung, sprechen Sie mit Ihrem Chef und sagen Sie ihm, für welche Aufgaben, oder Projekte Sie sich besonders interessieren, was Sie besonders gerne tun würden. Gehen Sie nicht davon aus, dass der Chef das schon wissen müsste. Und wenn ich etwas tue, das mich interessiert und ich

Spaß daran habe, dann werde ich automatisch schnell sein und mich nicht nur als „Aufgaben-Abarbeiter" fühlen.

Lernen Sie Ihre beruflichen Stärken kennen!

Um die eigenen Stärken gezielt einsetzen zu können, muss man sie zu kennen. Häufig war das Einstellungsgespräch das letzte Mal, dass jemand gezielt nach ihren Stärken gefragt hat. Obwohl die Konzentration auf Stärken viele Aufgaben erleichtert, setzen sich nur die wenigsten bewusst mit ihren Stärken auseinander. Der bewusste Umgang und das Sprechen und Denken über ihre Stärken ist vielen Menschen sogar peinlich. Dagegen wurden wir bereits als Kind von den Eltern oder den Lehrern mit unseren Schwächen konfrontiert. Dieses Denken setzt sich fort, so dass auch viele Erwachsene in erster Linie daran denken, wo sie sich verbessern müssen. Viele Menschen arbeiten daher mehr an ihren Schwächen als an ihren Stärken. Aber nur wenn Sie Ihre beruflichen Stärken kennen, können Sie diese bei ihren Aufgaben auch einsetzen und sich gezielt um passende Aufgaben bemühen. Versuchen Sie daher mehr über Ihre Stärken zu erfahren. Dazu bieten sich verschiedene Möglichkeiten an:

- Psychologische Stärken- und Potenzialtests und Persönlichkeitsprofile, wie DISG, MBTI, Key4you und ähnliche Verfahren, geben Aufschluss, worin Ihre Stärken liegen, welcher Persönlichkeitstyp Sie sind und für welche Aufgaben Sie sich besonders eignen.
- Es geht aber auch einfacher: Fragen Sie Ihr Umfeld nach einer ehrlichen Fremdeinschätzung. Ihr Partner, Ihre Freunde oder Ihre Kollegen können Ihnen meist ziemlich genau sagen, wie Sie sind und was zu Ihnen passt.
- Es geht sogar noch einfacher: Überlegen Sie, welche Tätigkeiten und Aufgaben Ihnen Freude bereiten, oder bereitet haben, was Sie wirklich mit geringer Kraftanstrengung schnell erledigen und womit Sie in der Vergangenheit Erfolge erzielen konnten. Nehmen Sie sich die Zeit und schreiben Sie alles auf, was Ihnen dazu einfällt. Denken Sie bewusst auch in Ihre Kindheit zurück. Was haben Sie besonders gern gespielt, was hat Sie besonders begeistert? Meistens sind es ähnliche Dinge, die Ihnen Spaß machen und in denen Sie wirklich gut sind. Das zieht sich von Ihrer Kindheit bis ins Erwachsenenleben. Darin liegt der Schlüssel, darin liegen Ihre Stärken!

Relative Stärken sind auch Stärken!

Manche Menschen sehen bei sich immer zuerst Schwächen, bei anderen dagegen eher die Stärken. Stärken und Schwächen sind immer relativ und Sie verfügen über relative Stärken, wenn Ihnen manche Dinge eher liegen als andere.

Das Gesetz der relativen Stärken wurde von dem englischen Nationalökonom David Ricardo in seiner Theorie der komparativen Kosten im 18. Jahrhundert wissenschaftlich untermauert. Beispielhaft erläuterte Ricardo seine Theorie am Wein- und Kleidungshandel zwischen Portugal und England. Portugal konnte nicht nur günstigeren und besseren Wein erzeugen als England – wen wunderts – nein, sogar die Tuchproduktion war in Portugal kostengünstiger als in England. Folgerichtig schien es für Portugal wenig sinnvoll, Wein oder Tuch aus England zu importieren. Ricardo konnte jedoch aufzeigen, dass ein zollfreier Tauschhandel der beiden Staaten bei diesen beiden Produkten durchaus für beide Seiten Sinn ergibt. Angenommen, der Kostenunterschied zwischen England und Portugal ist bei Wein größer als bei Tuch, dann ist auch der Gewinn aus dem Weinverkauf für Portugal größer als der aus dem Tuchhandel. Also wäre es für Portugal besser, alle verfügbaren Arbeitskräfte in der Weinproduktion einzusetzen und das benötigte Tuch stattdessen in England produzieren zu lassen und gegen Wein einzutauschen. Dieses zugegebenermaßen etwas abstrakte Beispiel zeigt:

Egal wie viele Schwächen oder Stärken Sie haben, konzentrieren Sie sich immer auf das, was Sie am besten können.

Denken Sie an Ihre Stärken, sehen Sie das Positive in der Welt!

Viele Menschen denken ständig an ihre Schwächen und sind permanent damit beschäftigt, diese zu korrigieren oder zu verbergen. Nicht nur, dass sie ihre Schwächen sehen, sie sehen auch meist nur die negativen Dinge in der Welt. Das sind zeitfressende und energiesaugende Gedankenmuster, die Sie mental belasten und auch krank machen können. Leider haben wir nie gelernt, wie man den Fokus auf das Positive richtet. Wir werden eher dazu erzogen Dinge negativ zu sehen, da unsere Gesellschaft so geprägt ist. In der Zeitung, im Radio oder Fernsehen sind meist nur Negativnachrichten zu lesen, oder zu hören. Es stürzt irgendwo auf der Welt ein Flugzeug ab, was garantiert in allen Medien rings um die Welt verbreitet wird. Aber wie viele Flugzeuge täglich glücklich ans Ziel kommen, darüber machen wir uns keine Gedanken.

Es fliegen übrigens über 30.000 Flugzeuge täglich über Europa. Man stirbt, statistisch gesehen, eher an einer herunterfallenden Kokosnuss, als an einem Flugzeugabsturz und trotzdem gibt es immer mehr Menschen, die an Flugangst leiden, was eigentlich eine unrealistische Angst ist. In der Schule machen wir den Kindern auch eher ihre Fehler bewusst, anstatt ihnen aufzuzeigen, was sie gut gemacht haben. Im Diktat werden Fehler rot angestrichen, man zeigt sozusagen auf den Fehler. Die Wörter, die richtig waren, werden in der Regel nicht bewusst gemacht. Sinnvoller wäre es, dem Kind zu sagen, wie das Wort richtig zu schreiben ist, anstatt auf den Fehler zu zeigen. Und auch Erwachsene sehen eher die Dinge, die liegen geblieben sind, das, was nicht geschafft wurde, unsere Schwächen. Deshalb, denken Sie an Ihre Stärken, setzen Sie diese maximal ein, sehen Sie, was Sie in Ihrem Leben schon alles erreicht haben. Das verleiht Ihnen Flügel, wie es in der Werbung heißt, und Sie werden auch mehr positive Situationen und Dinge anziehen. Denn, Gleiches zieht immer gleiches an!

Für alle, die dieses Denken mehr üben wollen, empfehlen wir:

Legen Sie sich ein schönes Büchlein mit leeren Seiten zu. In dieses Buch schreiben Sie täglich abends, vor dem Zubettgehen, mindestens drei Dinge hinein, die an diesem Tag gut waren, auf was Sie stolz sein konnten, was schön war, was Sie genossen haben, oder aber auch, wofür Sie dankbar sein konnten. Wenn Sie diese Übung mindestens zwei Wochen hintereinander durchführen, werden Sie feststellen, dass es Ihnen konkret besser geht. Sie werden besser schlafen, Sie werden weniger Stress empfinden, zufriedener und dankbarer sein. Probieren Sie es aus!

Stärken stärken, Schwächen schwächen!

Versuchen Sie gezielt Ihre Stärken auszubauen und Sie haben schnelle Erfolgserlebnisse und Freude. Schwächen zu beseitigen, kostet dagegen übermäßig viel Zeit und Kraft und führt bestenfalls zu mittelmäßigen Ergebnissen. Waren Sie in der Schule schlecht in Fremdsprachen, dann schafften Sie es mit sehr viel Zeitaufwand und noch mehr Frust von einer Fünf auf eine Drei zu kommen. In der halben Zeit hätten Sie jedoch in Mathe und Physik sicherlich den Sprung von Zwei auf Eins geschafft, da beide Fächer für Sie so herrlich logisch sind. Der Spaß an der logischen Knobelei wäre für Sie als verkanntes Mathegenie deutlich höher gewesen.

Bewerten Sie die Aufgaben anders und beschränken Sie sich auf das Minimum!

Es wäre naiv zu glauben, Sie könnten sich in Ihrer Tätigkeit nur auf Aufgaben mit Ihren Stärken beschränken. Sie werden sich nie alle Aufgaben in Ihrem Job aussuchen können und Sie können nie alle ungeliebten Aufgaben delegieren. Das heißt, sie müssen auch manche ungeliebten Pflichten erledigen. Die Frage ist allerdings wie. Tun Sie einfach einmal so, als ob Ihnen die ungeliebte Aufgabe Spaß machen würde. Wir hören schon die Kritiker aufschreien:

„Da mache ich mir doch was vor!“ Ja, das stimmt, aber wir machen uns immer was vor. Sie machen sich auch vor, dass Ihnen die Aufgabe keinen Spaß macht. Also machen Sie sich lieber vor, dass sie Ihnen Spaß macht und sagen Sie innerlich „Ja“ dazu. Innerer Widerstand gegen Dinge, die ich nicht ändern kann, löst immer Frust und Stress aus! Sie werden feststellen, wenn Sie akzeptieren, dass es jetzt so ist, wie es ist, dann ist die Aufgabe auf einmal nicht mehr so schlimm. Hören Sie auf, ständig darüber nachzudenken, oder zu lamentieren, wie schrecklich und sinnlos diese Tätigkeit ist. Sie rauben sich nur Kraft, Energie und Zeit. Vielleicht finden Sie sogar Gefallen daran. Es gibt unzählige Untersuchungen, die aufzeigen, wie viel Kraft wir uns nehmen, wenn wir jammern, oder negativ denken. Ebenso, wie stark und widerstandsfähig wir sind, wenn wir positiv denken und ein sonniges Gemüt haben. Unser Unterbewusstsein kann nämlich nicht unterscheiden zwischen Vorstellung und Realität, das heißt, wenn Sie so tun, als ob Ihnen die Tätigkeit Spaß macht, dann wird sich ihr Gefühl dazu verändern, vielleicht finden Sie sogar Freude daran. Diesen Trick wenden wir immer an, wenn wir unsere Steuererklärung machen müssen. Mittlerweile machen wir sie ganz gerne.

Zusätzlich können Sie sich bei Aufgaben, die Ihnen vermeintlich nicht liegen, auf ein Mindestniveau der Ergebniserreichung beschränken. Versuchen Sie keine perfekten Lösungen! Perfektion kostet Sie umso mehr Zeit, je weniger geeignet Sie sind und ist unter diesen Voraussetzungen meist gar nicht möglich. Und Perfektion ist in der Regel ein Zeitkiller. Viele Erfindungen sind nicht auf den Markt gekommen, weil es für den Erfinder noch nicht perfekt genug war. Schnelligkeit siegt meist über Perfektionismus.

Beschränken Sie sich deshalb grundsätzlich auf das Notwendige und Wesentliche! Ausschmückungen kosten Zeit und Geld.

Offenbaren Sie Stärken, sagen Sie, worin Sie gut sind, was Ihnen Freude macht!

Im Berufsalltag handeln Sie nicht allein, sondern Sie arbeiten mit Ihrem Chef, mit Ihren Mitarbeitern und Kollegen, mit Ihren Kunden und Lieferanten und vielen weiteren Personen eng zusammen. Was passiert, wenn diese Personen Ihre Stärken nicht kennen? Ihr Chef kann mit den falschen Aufgaben zu Ihnen kommen.

Um Ihre Stärken zu stärken, müssen Sie darüber reden! Dadurch haben Sie im Unternehmen eine größere Chance, an geeignete Aufgaben mit Ihren Stärken heranzukommen und bei Aufgaben, die Ihnen nicht liegen, verschont zu werden.

Sie werden dadurch auch schneller einen Expertenstatus in bestimmten Bereichen erlangen können.

Networking – Aufgaben gemeinsam lösen!

Erfolgreiche Menschen sind häufig erfolgreiche Netzwerker, sie schöpfen aus dem Wissen, der Erfahrung und Verbindungen anderer Menschen. Außer in einer Prüfungssituation müssen Sie im Leben kaum eine Aufgabe wirklich allein lösen. Dies gilt auch, wenn Sie allein mit einer Aufgabe betraut wurden und Sie allein die Verantwortung für die Erfüllung und das Ergebnis tragen. Es macht mehr Spaß und das Ergebnis wird besser, wenn mehrere Menschen an einer komplexen Aufgabe arbeiten. Sind Sie bereit Ihre Meinung und Sichtweise kritisch zu hinterfragen! Um das leichter tun zu können, sind andere Menschen mit anderen Blickwinkeln notwendig. Viele Stolpersteine und Fallen hätte man verhindern können, wenn man andere Menschen mit ihren Erfahrungen hinzugezogen hätte. Lassen Sie sich helfen, lernen Sie von den Besten! Suchen Sie, speziell bei Aufgaben, die Ihnen nicht liegen, Kollegen auf, die Sie mit Rat und Tat unterstützen können. Fragen ist erlaubt und wichtig! Viele Kollegen fühlen sich geachtet und wahrgenommen und wissen es zu schätzen, wenn sie gefragt werden, auch wenn Sie ihnen Ihre Hilfe auf anderen Gebieten anbieten. Unterstützen Sie sich gegenseitig, das erleichtert die Arbeit, spart Zeit, verbessert die Zusammenarbeit und das Ergebnis.

Die Orientierung an Stärken trägt auch wesentlich zu Ihrer Freude an der Arbeit bei. Stärken sind die Grundlage von Flow, wie der ungarische Psychologe Mihaly Csikszentmihaly sein bekanntes Glückskonzept bezeichnete. Flow ist das Gefühl, völlig in einer Sache aufzugehen und dabei Zeit und Raum um sich herum zu vergessen. Dies ist dann der Fall, wenn wir unsere Stärken bestmöglich einsetzen können und in einer Situation weder unter- noch überfordert sind. Flow wird dabei als Zustand beschrieben, in dem Aufmerksamkeit, Motivation und die Umgebung in einer Art produktiven Harmonie zusammentreffen. Ein wesentliches Kennzeichen von Flow ist immer auch die Fähigkeit, uns auf unser Tun zu konzentrieren, womit wir beim nächsten Erfolgsfaktor im Zeitmanagement wären.

1. Schreiben Sie in einer Minute so viele persönliche Stärken auf, wie Ihnen einfallen. Wichtig ist möglichst schnell, möglichst viele Stärken aufzulisten.
2. Was sind Ihre drei größten Stärken in Ihrem Beruf?
3. Bei welchen Tätigkeiten können Sie Ihre drei größten Stärken erfolgreich einbringen? Notieren Sie, welche Stärken Sie wann anwenden.
4. Fragen Sie Ihre Kollegen nach Ihren drei größten Stärken im Beruf. Fragen Sie Ihren Lebenspartner / Ihre Freunde nach Ihren größten Stärken.
5. Bei welchen Tätigkeiten im Beruf lassen Sie sich helfen, bei welchen Tätigkeiten unterstützen Sie andere?

2. Konzentration auf das Wesentliche, Prioritäten setzen

Ich habe keine Zeit heißt:
Etwas anderes ist mir wichtiger.
(Reinhard Sprenger)

Erfolgreiches Zeitmanagement bedeutet Loslassen. Loslassen von der Vorstellung, dass Sie alle Aufgaben und Anforderungen bewältigen können. Wenn ich glaube, täglich alles erledigen zu können, was auf mich zukommt, dann ist das schon der erste Schritt in Richtung Burnout. Ehrgeizige und engagierte Menschen haben meist Zeitprobleme, weil Sie immer mehr Aufgaben erledigen möchten und mehr Ideen umsetzen wollen, als ihnen Zeit zur Verfügung steht. Daher haben sie mehr Probleme, ihr Zeitmanagement in den Griff zu bekommen. Diese Tatsache wird auch das beste Zeitmanagementsystem nicht ändern.

Die verfügbare Zeit ist immer begrenzt und ist ein großer Verschiebebahnhof. Wer sich beruflich zeitlich mehr engagiert, hat weniger Zeit für Privatleben, Familie und Hobbys. Wer nur für seine Freizeit lebt, versucht weniger Zeit in seinen Beruf zu investieren und so weiter. Der Tag hat 24 Stunden und damit ist das zeitliche Spielfeld abgegrenzt. Wenn der zeitliche Umfang aller gewünschten Aktivitäten das vorhandene Zeitbudget überschreitet, bleibt notgedrungen die eine oder andere Sache liegen. Um langfristig geistig, körperlich und seelisch gesund zu bleiben ist es wichtig sich nicht nur auf die Arbeit zu konzentrieren, sondern sich bewusst auch einen Ausgleich zu schaffen.

Daher lautet die wichtigste Leitregel im Zeitmanagement:

> Es gibt immer viel mehr Aufgaben, als Zeit vorhanden ist. Daher können Sie nie alles schaffen! Beginnen Sie mit dem Wichtigsten und Sie schaffen das Wichtigste! Sie haben dann weniger Zeit für weniger Wichtiges und Unwichtiges. *Lernen Sie rechtzeitig Nein zu sagen!*

Das Kieselprinzip:

Bildhaft veranschaulichen lässt sich diese Leitregel am besten durch das sog. Kieselprinzip. Stellen Sie sich einen großen Eimer vor. Der Raum des Eimers ist mein tägliches Zeitvolumen, das mir zur Verfügung steht und ich mit Aufgaben füllen kann. Mein Ziel sollte es sein, den Eimer mit möglichst vielen großen, wertvollen Steinen/ zielführenden Tätigkeiten zu füllen. Das kann ich nur, wenn ich mich auf diese Steine konzentriere. Die kleinen Kiesel und der Sand sind meine Routineaufgaben, mein Tagesgeschäft, die auch erledigt werden müssen, aber darauf sollte nicht meine Konzentration liegen. Meist lassen wir uns von den Routineaufgaben so sehr ablenken, dass keine Zeit und kein Platz mehr für die wirklich wichtigen Dinge bleiben, die einen wesentlichen Einfluss auf das Gesamtergebnis des Unternehmens oder mein Wohlbefinden haben.

Die sinnvollste Art den Behälter zu füllen ist, erst einmal ein paar große Steine in den Eimer zu legen, d. h. morgens mit den Aufgaben anzufangen, die herausfordernd und anspruchsvoll sind und auch an diesem Tag erledigt werden müssen.

Aber wie ich täglich entscheiden kann, wann ich was erledige, dazu werden wir noch zu einem späteren Zeitpunkt kommen.

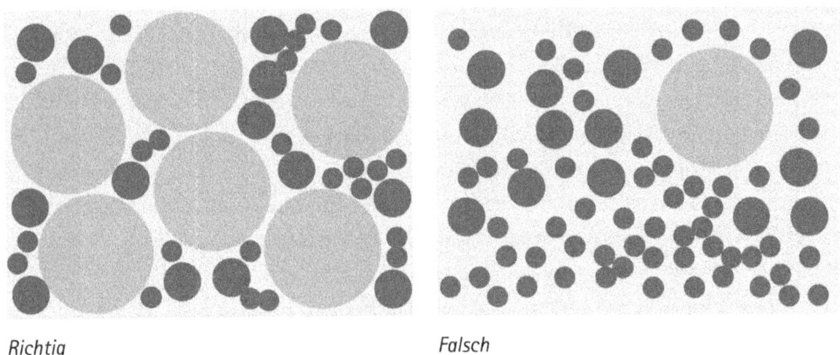

Richtig *Falsch*

Im Mittelpunkt Ihres Zeitmanagements steht daher immer die bewusste Unterscheidung von Aufgaben: Was sind meine großen Steine, was der Kiesel und was ist der Sand. Dazu ein paar generelle Anmerkungen:

- Nehmen Sie sich ausreichend Zeit für die Festlegung der Wichtigkeit von Aufgaben. Das Wesentliche zu erkennen, ist grundlegend für Ihr Zeitmanagement.
- Die Festlegung Ihrer Prioritäten können Sie nicht an Dritte delegieren! Ihre Prioritäten orientieren sich immer individuell an Ihren ***Aufgaben, Vorgaben, Ihren*** Zielen, ***Ihrem Wissen und Können***.
- Priorisierung, das heißt die Festlegung des Wesentlichen, ist keine einmalige Aufgabe, sondern eine permanente, tagtägliche Arbeit.

- Prioritäten ändern sich im Zeitablauf. Was heute für Sie wesentlich ist, kann morgen bereits weniger wichtig sein; manche Dinge wiederum sind ein Leben lang sehr wichtig oder sehr unwichtig.
- Sie sind in Ihrer Priorisierung niemals ganz frei. Im Beruf hängen Ihre Prioritäten unter anderem von den Vorstellungen Ihres Vorgesetzten, Ihrer Kunden oder den organisatorischen Rahmenbedingungen ab.
- Sie sind in Ihrer Priorisierung niemals ganz abhängig. Aus der Gemengelage von persönlichen Zielen, externen Anforderungen und Erwartungen Dritter entscheiden letztendlich immer Sie selbst über Ihre Prioritäten.
- Sie priorisieren immer, auch wenn Ihnen das nicht immer klar ist. Mit jeder Aktivität, der Sie sich bewusst oder unbewusst widmen, sagen Sie gleichzeitig Nein zu vielen alternativen Tätigkeiten, die Sie in der gleichen Zeit ebenso ausüben könnten.

Wie erkenne ich das Wesentliche?

Das Wesentliche kann ich durch die ABCD-Analyse erkennen. Dabei ist wichtig, dass die tatsächliche Zeitverwendung nicht dem Wert der Tätigkeit entspricht.

Eine Wertanalyse und die Zeitverwendung zeigt, dass die Anteile von anspruchsvollen, dringenden (A), anspruchsvollen, nicht dringenden (B), dringenden, nicht anspruchsvollen Routineaufgaben (C) und nicht dringenden, nicht anspruchsvollen Routineaufgaben (D) sehr unterschiedlich sind. Die meiste Zeit werden Sie für die C-Aufgaben verwenden müssen. Wenn mir nicht bewusst ist, was A, bzw. B ist, dann werden mich C (meine Routineaufgaben) auffressen.

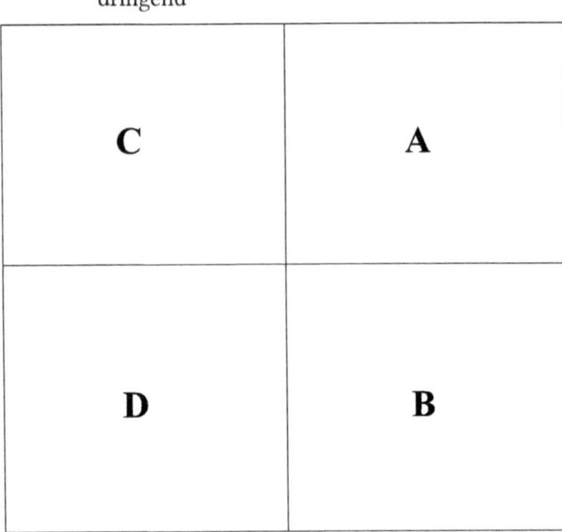

Konzentrieren Sie sich auf A-Aufgaben

oft wird die meiste Zeit mit vielen, nebensächlichen Problemen (C, D) vertan, während wenige, lebenswichtige Aufgaben (B) in der Regel zu kurz kommen. Der Schlüssel für ein erfolgreiches ZEITMANAGEMENT liegt nun darin, den geplanten Aktivitäten eine eindeutige PRIORITÄT zu verleihen, indem wir sie durch eine A-B-C-D-Klassifikation in eine Rangordnung bringen:

- A-Aufgaben sind heute die wichtigsten Aufgaben. Sie können meist von der betreffenden Person nur allein oder im Team verantwortlich durchgeführt werden und sind für die Erfüllung der ausgeübten Funktion von größtem Wert und sehr anspruchsvoll in der Bearbeitung, d.h., ich brauche meine Ruhe, um mich konzentrieren zu können. Und sie müssen heute erledigt werden.
- B-Aufgaben sind sehr wichtige Aufgaben, die anspruchsvoll sind und noch etwas Zeit haben bzw. auch noch morgen erledigt werden können.
- C-Aufgaben sind die Routineaufgaben, die nicht anspruchsvoll sind, aber heute erledigt werden müssen, z.B. E-Mail-Bearbeitung, was ja das frühere Postöffnen war. Da sich aus einem Mail eine A-Aufgabe entwickeln kann, ist es notwendig die Mails täglich zu bearbeiten, deshalb ein C – dringend, aber nicht anspruchsvoll.

- D-Aufgaben sind Routineaufgaben, die nicht anspruchsvoll sind und heute nicht erledigt werden müssen.

Prioritätensetzung durch ABCD-Analyse
Selbstverständlich bedeutet die ABCD-Analyse nicht, nur noch A-Aufgaben zu erledigen und auf C-Aufgaben gänzlich zu verzichten, sondern alle diese Aktivitäten durch Prioritätensetzung in eine ausgewogene Relation, richtige Rangordnung und Reihenfolge für die Tageserledigung zu bringen. Es ist auch wichtig, wann ich welche Aufgabe erledige!

Die ganz besonderen: B-Aufgaben:
Ein wesentlicher Stellenwert in Ihrem Zeitbudget gebührt den B-Aufgaben.

B-Aufgaben sind Besondere Aufgaben. B-Aufgaben sind ebenso anspruchsvoll wie A-Aufgaben, aber sie haben noch Zeit, um sie erledigen zu können. Das heißt, es ist für Sie entspannter, sich mit B-Aufgaben zu beschäftigen. Und hier lauert die große Gefahr. Da B-Aufgaben eine entfernte Deadline oder überhaupt keinen klaren Endtermin haben, fehlt der konkrete Handlungsdruck. Sie wissen natürlich, dass Sie an dem großen Projekt arbeiten sollten, sich mit der Unternehmensstrategie beschäftigen müssten, sich um die Entwicklung neuer Produkte oder der Erschließung neuer Märkte kümmern sollten, die für die Sicherung der Wettbewerbsfähigkeit Ihres Unternehmens wichtig wäre. Dennoch kommen diese typischen B-Aufgaben im Alltag zu kurz. Sie sind oft komplex, oft wenig greifbar und werden daher gerne von der Vielzahl kurzfristig dringender C-Aufgaben verdrängt. Dringlichkeit schlägt hier also Wichtigkeit.

Denken Sie umgekehrt! Und genau das macht den Unterschied aus zwischen erfolgreichem und weniger erfolgreichem Handeln.

Nur Sie allein können die Prioritäten umkehren, indem Sie B-Aufgaben für sich dringender machen.

- Setzen Sie sich kürzere und klare Termine für alle B-Aufgaben, auch wenn es keine konkreten Deadlines gibt. Setzen Sie sich selbst diese Deadline!
- Reservieren Sie sich möglichst täglich Zeiträume, in denen Sie an Ihren B-Aufgaben arbeiten (Salami-Taktik).

A-Aufgaben haben immer Vorrang vor B-Aufgaben. Allerdings sind viele A-Aufgaben im Ursprung B-Aufgaben. Da sie jedoch nicht erledigt wurden, solange noch reichlich Zeit war, werden Sie plötzlich dringend und müssen in unnötiger Hektik erledigt werden. *Die wirklich wichtigen Aufgaben sind nur selten dringend, dienen aber entscheidend dem Unternehmen, die dringenden Aufgaben haben oft keinen hohen Wert und bestehen in der Regel aus Routineaufgaben* Für die wesentlichen Aufgaben steht meist genügend Zeit zur Verfügung, die jedoch oft nicht genutzt wird, weil sie zu reichlich erscheint. Dringende Aufgaben erscheinen dagegen häufig nur deswegen als wichtig, weil Termindruck droht. Dringend wird mit wichtig verwechselt, weil man sich auch bei unwichtigen Dingen nicht gerne Ärger einhandeln möchte, falls man sie nicht rechtzeitig erledigt. Falls Sie sich zu viel den dringenden Arbeiten widmen, fehlt Ihnen diese Zeit für wichtigere Aufgaben.

Fazit:
Es ist nicht das Ziel, alles zu schaffen, sondern das Wesentliche zu erledigen. Wer im Beruf alles erledigen kann, hat entweder zu viel Zeit oder zu wenig zu tun. Für Workaholics, die hemmungslos Überstunden machen, um alles zu schaffen, hat Zeit nur einen sehr geringen Wert, deshalb wird sie oft für Unwichtiges verschwendet.

Der Satz *„Ich habe keine Zeit heißt, etwas anderes ist mir wichtiger"*.

Es ist weder erstrebenswert noch entspricht es der Realität, dass alles gleich wichtig ist. Knappe Zeiten für große Aufgaben führen im besten Falle sogar zu einer sinnvollen Selektion und zum Ausmisten manch überflüssiger Aktivitäten.
Viel Zeit zur Verfügung zu haben, steigert nicht meine Effektivität.

Unter Zeitdruck konzentrieren Sie sich auf das Wesentliche, verringern das weniger Entscheidende auf ein Minimum an Zeit und delegieren Aufgaben, wenn möglich, an Dritte. Daher können Sie letztendlich mehr erledigen.

Und noch ein letzter entscheidender Punkt zum Thema Konzentration. Wer täglich mit dem Wichtigsten anfängt, lebt deutlich entspannter und glücklicher. Ihr Tag ist bereits nach kurzer Zeit ein erfolgreicher Tag, wenn Sie Ihre wichtigste Tagesaufgabe erledigt haben. Aufschieben belastet dagegen ständig Ihr Unterbewusstsein. „Aufschieberitis" entsteht im Wesentlichen durch fehlende Priorisierung von Aufgaben.

3. Einfachheit

Kontinuierliche Verbesserungen sind besser als hinausgezögerte Vervollkommnung.
(Mark Twain)

Eines der meistverkauften Sachbücher der letzten Jahre ist der Bestseller *Simplify your Life* von Tiki Küstenmacher und Lothar Seiwert. Der Ratgeber gibt praktische Alltagstipps zur Vereinfachung des eigenen Lebens. Mit zunehmender Komplexität aller Lebensbereiche fühlen sich immer mehr Menschen überfordert und sehnen sich nach Vereinfachung. Wesentliche Ursachen für das subjektive Gefühl, alles wird immer komplizierter, sind die fortschreitende technologische Entwicklung und die Informationsflut durch die Medien. Ein Handy mit 150 Sonderfunktionen zu bedienen oder sich im Internet über wesentliche Entwicklungen auf dem Laufenden zu halten, macht das Leben oft aufwändiger und komplizierter. Daher boomen immer mehr Angebote, die ein Zurück zum einfachen Leben versprechen. Der Suche von Führungskräften nach einer Auszeit im Kloster ist ein signifikantes Beispiel dafür.

Was hat nun Einfachheit mit Zeitmanagement zu tun? Ganz einfach, *einfach* geht schneller. Einfache Prozesse sparen Zeit und sind leichter beherrschbar als komplexe Abläufe. Dies ist im Übrigen neben den günstigen Preisen das eigentliche Erfolgsgeheimnis des Discounters Aldi. Ein Einkauf bei Aldi spart Zeit im Vergleich zu einem herkömmlichen Marken-Supermarkt. Der Einkauf geht deutlich schneller, da sich die Auswahl je Produkt auf sehr wenige Artikel beschränkt. Unter zwei alternativen Zahnpasten lässt sich schneller eine Auswahl treffen als unter 40 Sorten Zahnpasta in einem meterlangen Regal. Da zudem alle Artikel auf allen Seitenflächen mit Strichcodes versehen sind, geht auch der Kassiervorgang deutlich schneller. Aldi steht für Einfachheit als Erfolgsrezept.

Es ist paradox, aber die Beschleunigung unseres Lebens in vielen Bereichen führt häufig zu einer zunehmenden Zeitverschwendung. Die durch beschleunigte Prozesse (PC, E-Mail, Handy) eingesparte Zeit löst oft ein Vielfaches an Aktivitäten aus. Ein Dauer-Aktionismus durch Surfen, Mailen, Telefonieren ist die Folge, ohne dass der konkrete Nutzen hinterfragt wird.

Hinzu kommt bei vielen Menschen ein stark übertriebenes Streben nach Perfektion, nach dem Motto: *Was ich mache, mache ich perfekt.* In früheren, angeblich so einfachen Zeiten oder bei sehr einfachen Tätigkeiten ohne Zeitdruck war und ist Perfektionismus vielleicht möglich. Doch mit zunehmender Komplexität der Arbeitsabläufe, steigendem Termindruck und generell zunehmender Arbeitsverdichtung ist das Streben nach Perfektion geradezu fatal. Perfektionismus und Komplexität widersprechen einander. Beide Faktoren zusammen führen zu einem deutlich gesteigerten Zeitbedarf und damit zu den alltäglichen Problemen im Zeitmanagement. Weil wir alles gründlich und perfekt machen wollen, schieben wir die Erledigung von Kleinigkeiten oft auf einen Zeitpunkt, zu dem wir vermeintlich mehr Zeit haben. Eine einfache, aber wichtige Zeitmanagementregel heißt: Es ist effektiver, du erledigst Aufgaben sofort, und zwar dann, wenn sie nur drei Minuten Zeit in Anspruch nehmen!

Wenn Du allein nach dieser Regel lebst, dann hast Du schon viel geschafft.

Nun soll hier keinesfalls die These aufgestellt werden, dass schnelle, schlampige Lösungen immer die besseren sind. Wichtig ist vielmehr eine stärkere Differenzierung der Perfektionierung nach der Wichtigkeit von Aufgaben und nach den persönlichen Stärken. Es geht um eine sinnvolle Verbindung der drei Erfolgsfaktoren *Stärken, Konzentration* und *Einfachheit.* Das Streben nach zeitaufwändiger Höchstqualität ist nur bei sehr wichtigen Aufgaben sinnvoll und nur dann von Ihnen allein anzustreben, wenn Sie über die entsprechenden Stärken verfügen.

Das wichtigste Gesetz der Einfachheit ist dabei das *Pareto-Gesetz.* Wilfredo Pareto war ein italienischer Nationalökonom im 19. Jahrhundert, der für die 80/20-Regel bekannt wurde. Pareto konnte empirisch nachweisen, dass 20 Prozent des Aufwands zu 80 Prozent des Ertrags führen. So fallen 80 Prozent der Erlöse eines Unternehmens auf die 20 Prozent besten Produkte, 20 Prozent der Kunden sorgen für 80 Prozent des Umsatzes oder 20 Prozent der Bürger verfügen über 80 Prozent des Reichtums. Kaum ein Wirtschaftsgesetz basiert auf einer ähnlichen Fülle empirischen Beweismaterials wie das Pareto-Gesetz. Dabei spielt es gar keine Rolle, ob 20 Prozent Aufwand für 80 Prozent, 30 für 70 oder 20 für 60 Prozent Ertrag verantwortlich sind. Die Grundregel lautet immer, dass man mit überschaubarem Aufwand bereits einen sehr hohen Nutzen erzeugen kann und die Verbesserung dieses hohen Nutzens hin zur absoluten Perfektion einen stark überproportionalen Aufwand erfordert.

Diese Regel gilt auch für den Zeitaufwand. Im Sinne von Pareto lässt sich eine 80%ige Lösung bereits mit 20 Prozent des Zeitaufwands erreichen. So wird ein sehr sportlicher, aber untrainierter Läufer beispielsweise in sechs Monaten seine Bestzeit auf eine 100-Meter-Distanz von 11,5 Sekunden auf 10,5-Sekunden verbessern können; er wird jedoch viele weitere Monate oder Jahre benötigen, um seine Zeit nochmals auf 10,2 Sekunden zu verbessern.

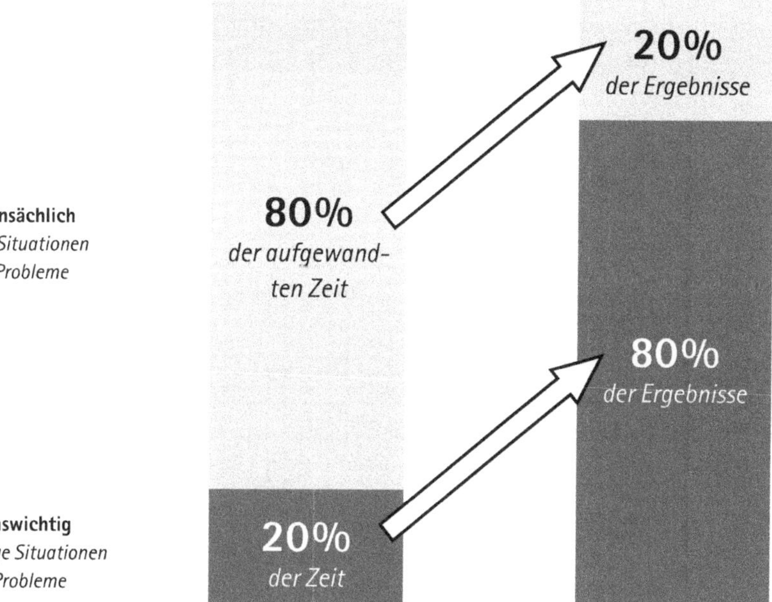

Überlegen Sie im Hinblick auf Ihr Zeitmanagement daher, wann tatsächlich ein 80-Prozent-Resultat ausreicht und wann eine 100-Prozent-Lösung erforderlich ist. Bei einer Vielzahl von Aufgaben reicht es in der Regel völlig aus, wenn sie pünktlich und ordentlich erledigt werden. Spitzenleistungen werden weder gefordert noch von Dritten erkannt und anerkannt. Im Gegenteil, wenn Sie Ihrem Vorgesetzten für eine Standardaufgabe eine außergewöhnlich aufwändige Lösung präsentieren, entsteht schnell der Eindruck, Sie hätten nicht genügend zu tun oder könnten sich nicht auf das Wesentliche konzentrieren. Wenn Ihr Chef drei Kennzahlen möchte, müssen Sie keine Doktorarbeit daraus machen.

Da Perfektionisten dazu neigen, alles als sehr wichtig anzusehen und überall 100%ige Perfektion zu liefern, hier zwei einfache Faustregeln:

- 100 Prozent dürfen nur bei A- oder B-Aufgaben angestrebt werden. Die Vielzahl von C- oder D-Aufgaben ist mit 80%iger Genauigkeit schnell abzuarbeiten.
- Nur bei max. 20 Prozent aller Aufgaben sollten Sie eine 100%ige Qualität anstreben. Alle anderen Aufgaben sind mit höchstens. 80 Prozent Maximalniveau zu erledigen.

Der Wert *80 Prozent* steht dabei nicht für eine unzureichende Leistung, sondern für die geforderte Qualität. Falls von Ihnen tatsächlich mehr als 80 Prozent gefordert wird, dann sollten Sie natürlich auch eine höhere Leistung erbringen.

Weitere Wege zu mehr Einfachheit

Zeiträume radikal verkürzen

Wie schaffen Sie es, sich in 20 Prozent der Zeit mit einem 80 Prozent-Ergebnis zufrieden zu geben? In 20 Prozent der üblichen Zeit werden Sie vermutlich gar nicht über 80 Prozent hinauskommen. Daher ist eine bewusste enge Zeitbegrenzung ein wirksames Instrument für mehr Einfachheit.

Dieser Zusammenhang wurde erstmals von dem britischen Historiker Cyril Parkinson formuliert und ist als Parkinson- oder Gas-Gesetz bekannt.

Ähnlich wie sich ein Gas in dem zur Verfügung stehenden Raum maximal ausdehnt, besagt das parkinsonsche Gesetz:

> „Man benötigt immer die Zeit, die zur Verfügung steht!"

Hinterfragen Sie daher die Zeit, die Ihnen für eine Aufgabe zur Verfügung steht oder die Sie sich selbst einräumen. Versuchen Sie vorhandene Zeiträume radikal zu verkürzen. Setzen Sie sich enge Limits und versuchen Sie Aufgaben bewusst in einem Bruchteil dieser Zeit zu erledigen (zum Beispiel ein Tag statt eine Woche). Wenn Sie für eine wiederkehrende Aufgabe bisher gewohnheitsmäßig immer eine Woche Zeit hatten, nehmen Sie diesen Zeitraum irgendwann als gegeben an und erledigen die Aufgabe so, dass Sie eine Woche benötigen. Sie lassen sich Zeit, nehmen die Aufgabe mehrfach zur Hand, bereiten sich gründlich vor und kontrollieren mehrfach. Dieselbe Aufgabe könnten Sie evtl. konzentriert in einem Tag erledigen, wenn Sie auf manche Umwege und Ausschweifungen verzichten würden. Setzen Sie daher bewusst enge Grenzen und versuchen Sie innerhalb dieser Grenzen ein vollständiges Ergebnis zu erarbeiten.

Die wohl schönsten Auszeiten im beruflichen Alltag sind die Urlaubszeiten. Die Woche vor einem etwas längeren Urlaub ist meist etwas stressig, da noch vieles rechtzeitig zu erledigen ist. Dennoch sind Sie selten so effizient, wie in dieser Woche, oder speziell am letzten Arbeitstag. Sie packen Dinge an, die Sie schon länger vor sich herschieben, Sie treffen wichtige Entscheidungen und Sie bringen Projekte zum Abschluss. Der bevorstehende Urlaub ist ein passendes Beispiel für die positiven Auswirkungen einer Zeitverknappung. Sie machen, weil Sie müssen. Im Hinblick auf Ihre Zeiteffizienz wäre es vorteilhaft, wenn Sie sich öfters *virtuelle Urlaube* in Ihren Kalender eintragen, um Ihrem Zeitverbrauch Grenzen zu setzen.

Eine weitere Form der künstlichen Zeitbegrenzung ist die öffentliche Ankündigung von knappen Deadlines. Wenn Sie Ihren Geschäftspartnern oder Kollegen versprechen, dass Sie bis zu einem bestimmten Zeitpunkt ein Ergebnis liefern oder eine Tätigkeit erledigen, hat dies eine viel größere Wirkung, als wenn Sie sich das nur selbst vornehmen. Niemand gilt gerne als unzuverlässig. Daher ist es vorteilhaft, selbst bei Aktivitäten ohne fixen Endtermin oder ohne Abhängigkeit von Dritten, öffentlich eine Deadline zu verkünden, um sich bewusst unter Druck zu setzen. Kaum ein Schriftsteller würde ein Buch rechtzeitig vollenden, wenn ihm der Verleger keine Frist setzt und die wenigsten Journalisten würden ihre Artikel bis 22 Uhr für die kommende Ausgabe der Tageszeitung fertig stellen, wenn Sie nicht müssten.

Haben Sie Bedenken, dass Sie eine Aufgabe in einem eng begrenzten Zeitraum nicht gut genug erledigen. Dann nehmen Sie sich vor, diese noch zu verbessern, sobald Sie alle anderen wichtigen Aufgaben erfüllt haben und Sie noch Zeit haben. Dieser Fall wird eher selten eintreten und falls doch, ist es wunderbar.

Ins TUN kommen

Viele Menschen gehen mit dem Vorsatz an Aufgaben heran, sie möglichst gründlich zu erledigen. Daher investieren Sie viel Zeit in die Vorbereitung. Der Zeitpunkt der Umsetzung wird immer wieder nach hinten verschoben, da der erste Schritt oftmals der schwierigste ist, ähnlich der Angst des Schriftstellers vor dem ersten Satz. Durch eine zu ausgedehnte Vorbereitungszeit fehlt häufig die notwendige Zeit für die Umsetzung. Versuchen Sie daher die Informations- und Analysephase eines Vorhabens zeitlich zu begrenzen, um schnell in die Umsetzung zu kommen.

Falls Sie im Internet recherchieren müssen, ist es besonders wichtig, sich ein Zeitlimit zu setzen! Hier kann man unglaublich viel Zeit vertrödeln, ohne dass es auffällt. Stellen Sie sich dafür notfalls einen Wecker, denn das Ergebnis wird mit einem höheren Zeitaufwand auch nicht besser!

Kleinere Projekte ohne Stress bearbeiten

Kleinere Projekte werden oft lange geschoben, weil man nicht weiß, womit man beginnen soll, die Zeit auch noch nicht drängt und andere Dinge wichtiger sind.

Rückt der Endtermin langsam näher und die Zeit wird knapp, verfällt man in Hektik.

Sie können das vermeiden, indem Sie sich zuerst schriftlich in einer Exceltabelle einen groben Zeitplan mit allen Ihnen bekannten To-dos und ein Rohkonzept Ihres Projektes mit den wesentlichen Inhalten und Informationen erstellen, bevor Sie sich um Details kümmern. Viele Aspekte Ihres Handelns werden Ihnen sowieso erst bei der Umsetzung bewusst. Selbst wenn Sie am Ende Ihrer verfügbaren Zeit nicht ganz zufrieden sind, so haben Sie dennoch ein abgeschlossenes Ergebnis vorzuweisen. Die Projektübersicht mit den To-dos können Sie sich zu dem Tag, an dem Sie mit der nächsten Aufgabe anfangen wollen, in eine Wiedervorlage legen. So haben Sie Ihr Projekt immer im Überblick, Sie können kein To-do vergessen und es läuft parallel zu Ihrer anderen Arbeit mit und falls Sie ein ähnliches Projekt bekommen sollten, dann haben Sie schon ein Grundgerüst.

Projekt:	**Beginn:**	**Ende:**

Aufgabe	**wer**	**Bis wann**	**Beginn**

Immer Nachfragen

Häufig wird mehr Zeit in eine Arbeit investiert, als verlangt wird. Falls Sie unsicher sind, was Ihr Chef, Ihre Kunden oder Ihre Auftraggeber erwarten, fragen Sie nach, bevor Sie sinnlos Zeit investieren. Zeitsparende Fragen sind zum Beispiel:

- Was wird genau gewünscht?
- Reicht es, wenn ich...?
- Wie umfangreich soll es werden?

Dadurch können Sie von Anfang an Zeit und Umfang einer Aufgabe einschätzen und wissen, worauf es ankommt. Gleichzeitig können Sie den Zeitraum nachverhandeln, falls Sie merken, dass die Zeit zu knapp bemessen ist.

Versuch und Irrtum

Im Sinne von Pareto reichen bei 80 Prozent der Aufgaben 80 Prozent der maximalen Ergebnisqualität, und diese Qualität schaffen Sie in 20 Prozent der Maximalzeit. Das heißt, viele Arbeiten perfektionieren Sie nur für sich selbst. Für eine gute Qualität gibt es selten nur einen Weg und lohnt sich selten eine zu lange Vorbereitung. Kommen Sie daher schnell ins Handeln, probieren Sie aus und entwickeln Sie Lösungen nach dem Prinzip von Versuch und Irrtum. Falls ein Ergebnis nicht zufrieden stellend ist, haben Sie immer noch Zeit für weitere Versuche. Lange Vorbereitungszeiten führen nicht automatisch zu besseren Ergebnissen. Längere Zeiträume können sogar Ergebnisse durch zu viele Abstimmungen, Konflikte der Beteiligten oder veränderte Meinungen und Zielsetzungen gefährden. Kurzum, der verfügbare Zeitraum für eine Aufgabe ist nur einer von vielen Erfolgsfaktoren für eine gute Lösung.

Grundsätzlich gilt natürlich: Je wichtiger eine Aufgabe, desto mehr Zeit und Aufwand ist erforderlich. Der Worst-Case, der Maximalschaden, der bei einer fehlerhaften Leistung eintreten kann, bestimmt maßgeblich den Zeitbedarf. Die *Konzentration auf das Wesentliche* und *Pareto* zeigen aber auch, dass es genügend Aufgaben gibt, bei denen Versuch und Irrtum durchaus angebracht ist.

So viel Standardisierung wie möglich

Kaum ein Unternehmen kann es sich noch leisten, seine Abläufe und Produkte nicht einer Qualitätszertifizierung zu unterziehen. Für die einen ist Qualitätsmanagement eine Wunderwaffe guter Unternehmensführung, für die anderen ein Sinnbild für wachsende Bürokratie im Unternehmen. Ob Bürokratiemonster oder Heilsbringer hängt davon ab, wie Qualitätsmanagement umgesetzt wird. Ein großer Vorteil von Qualitätsmanagement ist auf alle Fälle die Festlegung von Standards für alle betrieblichen Vorgänge. Standards erleichtern das Arbeitsleben, sorgen für Effizienz und gutes Zeitmanagement. Statt ständig das Rad neu zu erfinden und jeden Vorgang individuell zu behandeln, reicht bei einem Großteil aller Arbeiten (80-Prozent-Regel) die Erledigung mit Hilfe einer einmal angefertigten allgemeinen Mustervorlage.

Was im Sinne des Qualitätsmanagements für eine Vereinheitlichung im gesamten Unternehmen gilt, ist auch für die eigene Arbeit sehr sinnvoll. Versuchen Sie, einen Großteil gleicher Vorgänge mit Standardverfahren zu erledigen. Verwenden Sie Checklisten, wo immer es geht. Checklisten und Mustervorlagen sollten dabei möglichst allgemein aufgebaut sein, ohne jede Eventualität zu berücksichtigen. Damit konterkarieren Sie den Sinn solcher Vorlagen, Abläufe zu vereinfachen und zu beschleunigen. Im Umkehrschluss heißt dies jedoch nicht, dass keine Abweichungen mehr erlaubt sind. Abweichungen von allgemeinen Standards sind immer wieder notwendig. Sie sollten jedoch nicht bereits im Musterstandard integriert werden und Sie sollten sich auf Einzelfälle beziehen. Versuchen Sie, mindestens 80 Prozent der Vorgänge mit Standardlösungen zu erledigen und konzentrieren Sie sich nur bei wesentlichen Aufgaben auf individuelle, zeitaufwändigere Sonderlösungen.

Andere mit einbinden

Was bereits im Kapitel *Stärken* angesprochen wurde, gilt auch im Hinblick auf Einfachheit. Sie haben das Recht und häufig sogar die Pflicht, es sich einfach zu machen. Einfachheit führt zu Beschleunigung und ist damit im Interesse des Unternehmens. Wenn Sie persönlich eine Aufgabe übertragen bekommen oder für einen Bereich verantwortlich sind, bedeutet dies nicht, dass Sie alles selber machen müssen. Sie sind für das Ergebnis verantwortlich, nicht jedoch für das eigenständige Erledigen aller Teilschritte. Im Gegenteil, Führungsfähigkeit und Teamfähigkeit bedeuten, delegieren zu können und Dritte mit einzubinden.

Versuchen Sie daher nicht, alles selbst im stillen Kämmerlein zu lösen, fragen Sie Ihre Kollegen und Mitarbeiter, lassen Sie sich helfen. Mehr Köpfe haben mehr Ideen. Das Teilen von Arbeit und Verantwortung wird überwiegend positiv gesehen, da es zeigt, dass Sie Anderen vertrauen und die Arbeit Dritter wertschätzen. Wichtig ist, dass Sie auch andere Lösungen und Arbeitsweisen akzeptieren und nicht versuchen, Ihr Denken durchzusetzen. Überlegen Sie aber genau, welche Personen einbezogen werden müssen. Es ist ebenso eine Zeitverschwendung, wenn zu viele Menschen mitreden.

Mini-Aufgaben gleich erledigen

Viele kleine Aufgaben lassen sich auch auf die Schnelle lösen. Es sind Infos, die weitergegeben werden müssen, kurze E-Mails, einmalige Anrufe etc. Diese Aufgaben lassen sich meist nicht planen, sie kommen kurzfristig und sollten auch kurzfristig gelöst werden. Kein Mensch hat Verständnis, wenn Sie sich für eine kurze Aufgabe zwei Wochen Zeit nehmen und Betroffene ständig vertrösten.

Bei Miniaufgaben mit geringem Aufwand macht es keinen Sinn, sie in Ihrem Zeitmanagement nach A, B, C oder D zu priorisieren und sie in einer To-do-Liste einzutragen. Der Aufwand wäre im Zweifel höher als die eigentliche Bearbeitungszeit. Am sinnvollsten ist es, die Aufgabe gleich zu erledigen, wenn sie auf Sie zukommt. Nach der schon besprochenen 3-Minuten-Regel!

Umgang mit Miniaufgaben, die etwas länger als 3 Minuten dauern:

1. Notieren Sie sich diese Aufgaben mit einem kurzen Stichwort auf einem Zettel, oder Post-it. Damit werden Sie am wenigsten in Ihrer aktuellen Tätigkeit gestört und stellen sicher, dass Sie dennoch daran denken.
2. Sammeln Sie diese Aufgaben und bearbeiten Sie diese ein- oder zweimal täglich am Stück. Verwenden Sie dazu eher leistungsschwächere Zeiten nach dem Mittagessen oder vor dem Arbeitsende.
3. Das Abarbeiten mehrerer kurzer Aufgaben am Stück kann Zeit sparen, da Sie sich nicht ständig Ihre A- oder B-Aufgabe auf die Seite legen müssen.
4. Erledigen Sie möglichst alle Miniaufgaben an diesem Tag, da ja morgen wieder welche kommen.
5. Sollten Sie eine Miniaufgabe nicht geschafft haben, die ohnehin nicht so wichtig ist, dann übertragen Sie sie auf ihre To-do-Liste (auf die ich später noch eingehen werde).

Damit Sie sich nicht vorwiegend mit kleinen Aufgaben der Prioritäten C und D beschäftigen, sollten Sie bei diesen Aufgaben sorgsam darauf achten, ob das wirklich Ihr Job ist oder nicht auch von jemand Anderen erledigt werden kann. Manche Aufgaben lassen sich auch schnell durch Hinweis auf andere Quellen beseitigen. Wenn eine Info im Internet steht, dann können sich Andere diese auch selbst besorgen.

Fazit:

Ein zentraler Grundsatz der Konzentration lautet: Beginnen Sie immer mit dem Wichtigsten zuerst, dann haben Sie am Ende des Tages zumindest das Wichtigste erledigt. Analog lässt sich als zentraler Grundsatz der Einfachheit formulieren: Erledigen Sie alle Aufgaben immer möglichst einfach. Dann haben Sie am Ende des Tages etwas Sichtbares geschafft. Sie können Ihre Aufgaben immer noch perfektionieren, wenn Zeit übrig ist.

Einfachheit bedeutet dabei nicht schlechte Qualität, sondern angemessene Qualität. Bei wichtigen anspruchsvollen Aufgaben muss der Qualitätsanspruch höher sein und dementsprechend auch der Zeitbedarf. Da Zeit jedoch eine begrenzte Ressource ist, heißt dies im Umkehrschluss, dass Sie weniger wichtige Aufgaben mit einem geringeren Qualitätsanspruch und damit schneller erledigen sollten. Ihr Recht auf Einfachheit begründet sich immer aus der knappen Zeit und der Wesentlichkeit der Aufgaben. Einfachheit macht Sie erfolgreich, da Sie bei Standardaufgaben die Zeit sparen, die Sie dann bei wichtigen Aufgaben einsetzen können. Einfachheit macht Spaß, da Sie viel schneller zu sinnvollen Ergebnissen kommen und sich nicht in Details verlieren. Und nicht zuletzt, Einfachheit beschleunigt und ist daher ein zentraler Erfolgsfaktor Ihres Zeitmanagements.

1. Listen Sie alle derzeitigen Aufgaben in Ihrer Tätigkeit auf. Bei welchen Aufgaben reichen 80 Prozent, bei welchen wollen Sie 100%ige Qualität erzielen?
2. Vergleichen Sie bei allen Aufgaben die Priorisierung A, B oder C mit dem Qualitätsniveau 80 Prozent oder 100 Prozent. Bei C-Aufgaben reichen 80 Prozent.
3. Erledigen Sie in einer Stunde so viele C-Aufgaben wie möglich.
4. Nehmen Sie Ihre wichtigste A-Aufgabe (meist ein Projekt) und schreiben Sie in max. zehn Minuten stichwortartig eine möglichst detaillierte To-do-Liste für deren Abarbeitung.
5. Angenommen in fünf Arbeitstagen beginnt Ihr vierwöchiger Jahresurlaub. Notieren Sie, in welcher Reihenfolge Sie Ihre Aufgaben in dieser Zeit erledigen wollen.

Das magische Dreieck im Zeitmanagement

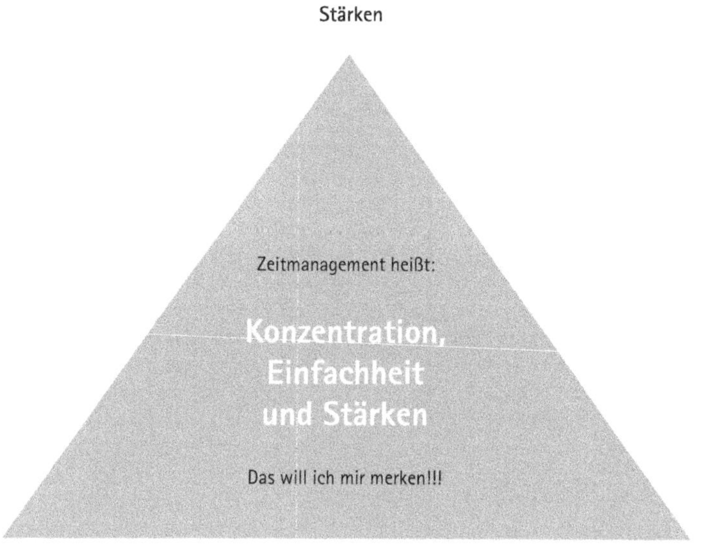

Völlig unabhängig von Methoden und Techniken des Zeitmanagements sind Konzentration, Einfachheit und Stärken die zentralen Einflussfaktoren für effizientes und effektives Handeln. Diese Faktoren spielen sich nicht in Ihrer To-do-Liste und in sonstigen Zeitmanagementsystemen ab, sondern allein in Ihrem Kopf. Zusammen entfalten diese Faktoren ihre maximale Wirkung. Daher stellen Sie sich bei jeder Aufgabe folgende drei Fragen:

- Wo liegen hier meine Stärken?
- Ist diese Aufgabe wesentlich und worauf kommt es an?
- Wie mache ich die Aufgabe möglichst einfach?

Auch wenn Sie sicherlich im Alltag in vielen Fällen nicht alle drei Faktoren gleichermaßen zu Ihrer Zufriedenheit umsetzen können, so sollten Sie dennoch versuchen, jeden einzelnen Faktor zu verbessern. Selbst wenn eine Aufgabe nicht Ihren Stärken entspricht, können Sie diese besser lösen, wenn Sie sich dabei auf das Wesentliche konzentrieren und die Aufgabe möglichst einfach angehen. Dies gilt analog für alle anderen Kombinationen.

Teil II - Zeitplanung

Gegen das Fehlschlagen eines Plans gibt es keinen besseren Trost, als auf der Stelle einen neuen zu machen.
(Jean Paul)

Das Kapitel Zeitplanung beschäftigt sich mit Instrumenten und Methoden, mit denen Sie aktiv Ihre Zeit bzw. Ihre Zeitverwendung planen, bevor Sie selbst verplant werden. Das Grundprinzip der Zeitplanung folgt dabei dem klassischen Regelkreiskonzept der Planung.

Regelkreis der Zeitplanung

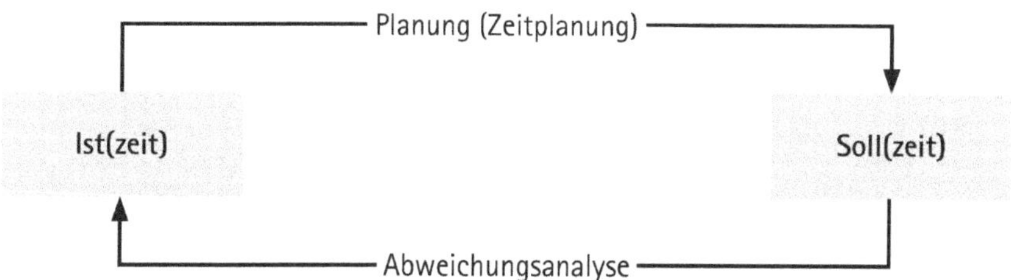

Die Istzeit ist der Zustand Ihrer derzeitigen Zeitverwendung. Die Sollzeit ist Ihr persönlicher Zielzustand, wie Sie gerne Ihre Zeit verwenden möchten. Ist- und Sollzeit klaffen üblicherweise auseinander; falls nicht, haben Sie bereits ein perfektes Zeitmanagement. Um vom Ist zum Soll zu kommen, müssen Sie Ihr Zeitmanagement verändern, indem Sie an den Erfolgsfaktoren des magischen Dreiecks arbeiten, Methoden der Zeitplanung anwenden und Zeiträuber bekämpfen. Der Erfolg Ihres Zeitmanagements misst sich daran, inwieweit Sie Ihre gewünschten Ziele erreicht haben. Bei Abweichungen müssen Sie Ihr Zeitmanagement weiter optimieren. Da sich Ihr Zeitmanagement an den Veränderungen Ihres Lebens anpassen muss, ist die Abweichung nicht die Ausnahme, sondern der Normalfall.

4. Die Zeitanalyse

Wenn Sie beim Autofahren ein Navigationsgerät verwenden, müssen Sie nur Ihre Zieladresse eingeben. Ihr *Navi* muss aber zusätzlich durch Satellitenempfang Ihre jetzige Position lokalisieren, um den Weg vom Hier zum Ziel zu ermitteln. Analog dazu sollten Sie bei Ihrer Zeitplanung nicht nur überlegen, wie Sie Ihre Zeit gerne verwenden möchten, sondern auch Ihre derzeitige Zeitverwendung analysieren. Wissen Sie wirklich, für was Sie Ihre Zeit verwenden? Vermutlich nicht, sonst würden Sie sich nicht an manchen Abenden fragen, wo denn heute die Zeit geblieben ist und sich ärgern, dass Sie so vieles nicht geschafft haben. Selbst wenn sie einen sehr routinierten und gleichmäßigen Tagesablauf haben, können die meisten Menschen nur schlecht einschätzen, wie viel Zeit sie für einzelne Aktivitäten ver(sch)wenden.

Sowohl die Vielzahl an kleinen Einzelaktivitäten als auch der Zeitbedarf pro Aktivität wird meist stark unterschätzt. So denken Sie bei Ihrer Zeitplanung des nächsten Arbeitstages wohl kaum daran, dass Sie auch Zeit für Smalltalk mit den Kollegen, für Kaffeekochen und -trinken, für das Auffüllen von Büromaterial oder den Gang zur Toilette benötigen. Es gibt noch viele weitere kleine Tätigkeiten, die tagtäglich anfallen und in der Summe Zeit kosten. Und viele dieser Tätigkeiten können und sollen auch gar nicht reduziert werden, sondern sind als sinnvolle Pausen und Abwechslungen zu sehen. Sie müssen dennoch in Ihrer Zeitplanung berücksichtigt werden, da sie nun mal Zeit kosten. Der Zeitbedarf einzelner Aktivitäten wird dabei gerne unterschätzt, da man üblicherweise immer vom störungsfreien Ablauf ausgeht. Wenn Sie zum ersten Mal eine Strecke mit dem Auto fahren, denken Sie nicht unbedingt daran, dass es einen Stau geben kann und Sie planen vermutlich bei in Ihrer Arbeit auch nicht ein, dass Ihr PC abstürzt. Wenn Sie dagegen regelmäßig im Stau stehen und Ihr PC dreimal täglich abstürzt, steigen die Chancen, dass Sie den Zeitbedarf großzügiger kalkulieren.

Die Ist-Zeitanalyse hilft Ihnen, einen Überblick über die tatsächlichen Aktivitäten zu bekommen und ein Gefühl über die dafür erforderliche Zeit zu entwickeln. Die Zeitanalyse ist sicherlich keine beglückende Tätigkeit und sie kostet selbst Zeit. Sie führt allerdings häufig zu überraschenden Erkenntnissen, wofür Sie täglich Ihre Zeit verwenden. Die Ist-Zeitanalyse ähnelt dem Aufräumen eines voll gestopften Kellers. Sie schauen nach, was drin ist, was Sie noch brauchen und was wie viel Platz kostet, und sind dabei überrascht, was Sie alles finden.

Da bei vielen Menschen ein Arbeitstag nicht dem anderen gleicht, sollte Ihre Zeitanalyse möglichst eine Woche umfassen. Im Verlauf einer Arbeitswoche gleichen sich die Unterschiede einzelner Arbeitstage aus und es ergibt sich im Allgemeinen ein realistisches Bild der beruflichen Zeitgestaltung. Für die Zeitanalyse Ihrer Aktivitäten benötigen Sie eine Uhr und Sie müssen die Zeiten notieren. Ihre Erkenntnisse sind umso genauer, je genauer Sie die Zeiten einzelner Arbeitsschritte erfassen. Eine differenzierte Zeitermittlung können Sie dann nach unterschiedlichen Gesichtspunkten analysieren, wie zum Beispiel:

- Wie viel Zeit verwende ich für welche Aufgaben/Projekte?
- Wie viel Zeit verwende ich für welche Prioritäten?

Je nach Betrachtungszweck können Sie eine Liste anlegen und darin die Zeiten eintragen:

Aufgabe	Zeit in Minuten pro Woche
Aufgabe 1	20 / 35 / 25
Aufgabe 2	125 / 40 / 50 / 90 / 150
Aufgabe 3	--
Aufgabe 4	10 / 15
Aufgabe 5	30 / 20 / 30

Wünschenswert wäre, dass in diesem Beispiel die Aufgabe 2 mit über sieben Stunden Aufwand tatsächlich eine A- oder B-Aufgabe ist und die Aufgabe 3, mit der Sie sich überhaupt nicht beschäftigt haben, Priorität ***D*** hat. Wie gut Ihr Zeitgefühl bezüglich Ihrer tatsächlichen Verwendung ist, können Sie feststellen, wenn Sie bei der Zeitanalyse in folgenden Schritten vorgehen:

1. Auflistung aller wöchentlichen Aufgaben
2. Vorab-Schätzung des Zeitaufwands pro Aufgabe
3. Tatsächliche Ermittlung des Zeitaufwands pro Aufgabe
4. Vergleich der Schätzung mit der Ist-Zeit
5. Vergleich der Ist-Zeit mit der gewünschten Sollzeit

Eine Vorabschätzung der Zeiten pro Aufgabe und der Vergleich mit dem tatsächlichen Aufwand zeigt Ihnen, wie realistisch Ihre Vorstellungen hinsichtlich Ihrer persönlichen Zeitverwendung sind. Entscheidend ist, inwieweit Ihre

Ist-Zeit von einer gewünschten Sollzeit abweicht. Die Sollzeit entspricht Ihren Vorstellungen, wofür Sie im Idealfall wie viel Zeit pro Woche aufwenden möchten. Wichtig ist, dass Sie sich die Zeitverteilung bei den einzelnen Tätigkeiten genau ansehen und erkennen, wo Sie am meisten Zeit investieren. Stellen Sie fest, ob dies tatsächlich Ihren Prioritäten entspricht und bei welchen Aufgaben Sie sich am meisten verschätzen.

Zur besseren visuellen Veranschaulichung können Sie die Zeitanalyse in Form einer Zeittorte aufzeichnen. Schließlich können Sie eine Ist-Zeit-Torte und eine Soll Zeit-Torte im Vergleich darstellen, um erkennen zu können, was sich ändern soll.

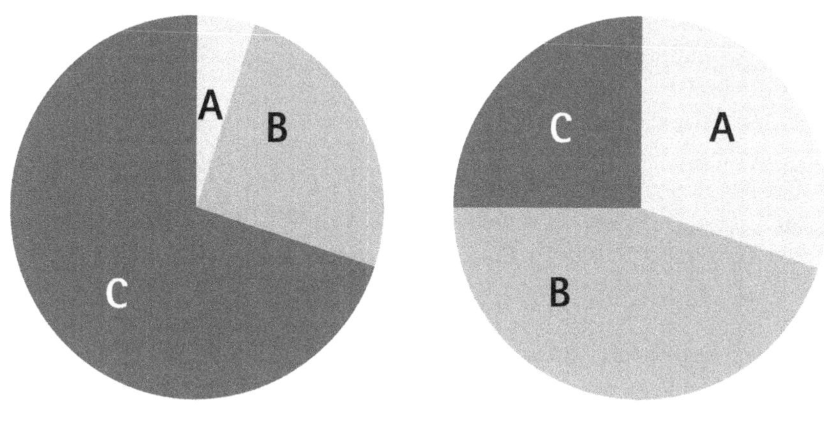

Meine derzeitige Istzeit

Meine zukünftige Sollzeit

Erstellen der persönlichen Zeitanalyse:

Analysieren Sie Ihre letzte Arbeitswoche von Montag bis Sonntag, vorausgesetzt es war eine normale Arbeitswoche. Sollten Sie in dieser Woche einen, oder mehrere Tage Urlaub gehabt haben, dann nehmen Sie die Woche davor.

Auf der Seite der persönlichen Zeit-Torte tragen Sie als erstes Ihre Tätigkeiten ein, die Sie in dieser Woche getan haben. Dazu streichen Sie die vorgeschlagenen Aktivitäten weg, die Sie nicht getan haben und schreiben, die Tätigkeiten dazu, die Sie getan haben.

Einige Erklärungen zum Eintragen:

Ein Tag hat 24 Stunden x 7 Tage = 168 Stunden

Von den 168 Stunden haben wir die Schlafenszeit abgezogen.

Wir sind davon ausgegangen, dass ein Mensch durchschnittlich 7 Stunden am Tag schläft.

7 x 7 = 49 Stunden Schlafzeit in 1 Woche

Von den 168 Stunden haben wir 48 Stunden abgezogen (es rechnet sich besser mit 48 als mit 49 Stunden).

Sie haben in 1 Woche deshalb 120 Stunden Wachzeit zur Verfügung.

Sollten Sie grundsätzlich länger als 7 Stunden täglich schlafen, z. B. 8 Stunden, dann müssten Sie von den 120 Stunden diese Zeit zusätzlich abziehen.

Tragen Sie jetzt die Zeiten für die einzelnen Tätigkeiten in die Spalten ein, mit denen Sie die Woche verbracht haben. Eine Erklärung für die angeführten Tätigkeiten können Sie auf den nachfolgenden Seiten nachlesen.

2 Beispiele:

Arbeitszeittorte:

Sie arbeiten 8 Stunden täglich, d. h. 5 x 8 = 40 Stunden Arbeitszeit (in die 1. Zeile eintragen)

Persönlich bezogene Arbeitszeit:

Sie haben 30 Minuten Anfahrtszeit zu Ihrem Arbeitsplatz (außer Sie fahren direkt zum Kunden, dann würde die Anfahrt in Ihrer Arbeitszeit beinhaltet sein!):

30 Minuten x 2 x 5 (Hin- und Rückfahrt pro Tag x 5 Arbeitstage) = 5 Stunden. Dazu addieren Sie die Mittagspause: 1 Stunde/tgl. (= 5 Stunden)

d. h. 5 Stunden Anfahrt + 5 Stunden Mittagspause = 10 Stunden persönlich bezogene Arbeitszeit. Diese tragen Sie in die 2. Zeile ein.

Es gibt Zeiten, in denen Sie vielleicht 2 Tätigkeiten zur gleichen Zeit ausführen, z. B. Sie bügeln und schauen fern. In so einem Fall überlegen Sie, welcher Ihrer Tätigkeiten Ihr Hauptaugenmerk gilt, d. h., wenn Sie bügeln und dabei läuft Ihr Fernseher, dann wird die Zeit bei „Haushalt" eingetragen. Oder wenn Sie beim Autofahren einen Kunden anrufen, um ein Angebot nachzuverfolgen, dann wird die Zeit der Rubrik „Fahrtzeiten" zugeordnet und nicht der Angebotsnachverfolgung.

Sobald Sie alle Zeiten eingetragen haben, ermitteln Sie die Summe. Es muss alles zusammen 120 Stunden (bzw. die Stunden Ihrer Wachzeit) ergeben.

Sind Sie ehrlich zu sich selbst und reflektieren Sie, was in der letzten Woche los war!

Nun tragen Sie die ermittelten Stunden in Form von Segmenten in den Kreis, damit Sie Ihr Ergebnis grafisch vor sich haben:

Wenn man davon ausgeht, dass der Kreis ein Ziffernblatt einer Uhr ist, d.h., wenn der große Zeiger 1x herumläuft, dann sind 60 Minuten vergangen.

Sollen 120 Stunden in 60 Minuten passen, dann brauchen Sie Ihre ermittelten Stunden nur durch 2 teilen und Sie erhalten die Minutenanzahl, die Sie eintragen müssen.

An dem Beispiel der Arbeitszeit:

40 Stunden Arbeitszeit geteilt durch 2 = 20 Minuten.

Sie setzen eine Linie von der 12 bis zur Mitte und die 2. Linie auf 20 Minuten.

Danach die persönlich bezogene Arbeitszeit von 10 Std. geteilt durch 2 = 5 Min.

Die nächsten Segmente werden anschließend angehängt. Kennzeichnen Sie die einzelnen Segmente so, dass für Sie zu erkennen ist, welches Segment zu welcher Tätigkeit gehört.

Mit der Arbeitszeittorte verfahren Sie ebenso.

Hier ist 1 Stunde wie 1 Minute zu rechnen, da Sie 40 Stunden Arbeitszeit + 5 Stunden Mittagspause = 45 Stunden zur Verfügung haben.

Das schwarze Segment ist ausgespart, d.h., es steht Ihnen bei 45 Stunden nicht zur Verfügung! Sollten Sie länger, als 45 Stunden in der Woche arbeiten, dann nehmen Sie von dem schwarzen Segment noch die benötigten Stunden mit dazu. Dann wird auch sichtbar, wie viele Überstunden Sie machen.

Meine persönliche Zeit-Torte

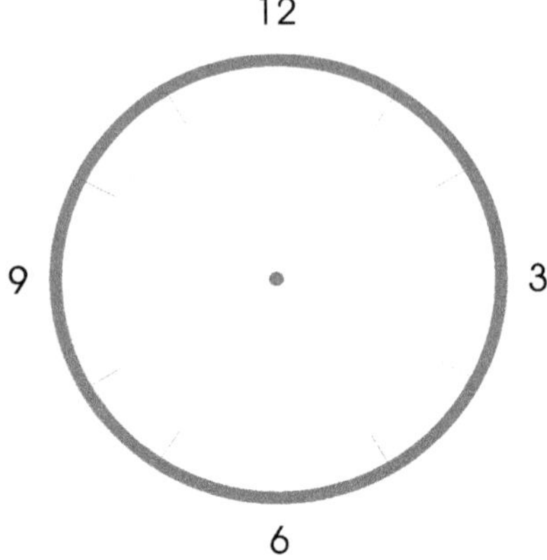

- ☐ Arbeitszeit: ________________
- ☐ persönlich bezogene Arbeitszeit: ________________
- ☐ Familie, Essen: ________________
- ☐ Sport: ________________
- ☐ Hobby: ________________
- ☐ soziale Aktivitäten: ________________
- ☐ Kultur: ________________
- ☐ Hygiene: ________________
- ☐ Fernsehen: ________________
- ☐ Weiterbildung: ________________
- ☐ Haushalt: ________________
- ☐ Nichtstun/Alleinsein: ________________
- ☐ Fahrtzeiten: ________________

120 Stunden 60 Minuten

Meine Arbeitszeittorte

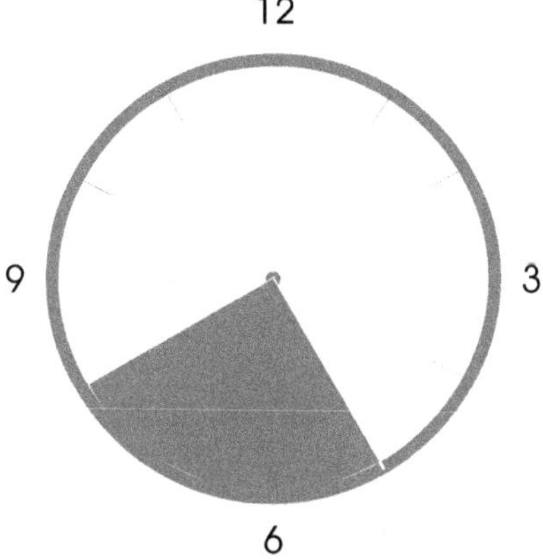

- □ Telefonieren: ______________________
- □ Akquise: ______________________
- □ Angebotserstellung: ______________________
- □ Kommunikation mit Kollegen: ______________________
- □ Essen: ______________________
- □ Kundenberatung: ______________________
- □ E-Mail-Bearbeitung: ______________________
- □ Meetings: ______________________
- □ Planung erstellen: ______________________
- □ Mitarbeitergespräche: ______________________
- □ Kalkulationen: ______________________
- □ Reklamationen: ______________________
- □ After Sales – Nachbetreuung: ______________________
- □ Selbst-Planung: ______________________

45 Stunden 9 Stunden

ARBEITSZEIT:	Das ist die Kernarbeitszeit, die Sie vom Eintreffen und Arbeitsbeginn am Arbeitsort bis Verlassen der Arbeitsstelle ohne Pausen verbringen. Wenn Sie zu einem Termin fahren, zählt die Zeit, sobald Sie Ihre Haustüre verlassen.
PERSÖNLICH BEZOGENE ARBEITSZEIT:	Hier rechnen wir die An- und Abfahrtszeiten zur Arbeitsstelle ein, wie sie sich im Wochenüberblick für fünf Arbeitstage ergeben. Hinzu kommen die Arbeitspausen und das Mittagessen (wenn Sie nicht zuhause essen).
FAMILIE:	Das ist der Zeitblock, den Sie mit Ihrer Familie kommunikativ verbringen, also z. B. während der Mahlzeit im Gespräch, bei Unterhaltung etc., gemeinsamen Besorgungen oder Ausflügen. (Nicht gemeint ist hier z. B. die Zeit, die Sie gemeinsam „schweigend“ vor dem Fernsehgerät verbringen).
SOZIALE AKTIVITÄTEN:	Das ist die Zeit, die Sie mit Freunden, Bekannten, Kollegen, Verwandten verbringen, im Plausch, auf Partys, wenn Sie gemeinsam essen gehen, sich in der Stadt treffen etc.
SPORT:	Das ist die Zeit, die Sie aktiv bei sportlicher Betätigung verbringen, also z. B. beim Jogging, Radfahren, Gymnastik, Tennis, Skifahren etc.
HOBBY:	Wieviel Zeit verwenden Sie auf Ihr Hobby? Vielleicht haben Sie eine Lieblingsbeschäftigung, der Sie erhebliche Zeit widmen.
KULTUR:	Hier tragen Sie Kino-, Theater-, Konzert-, Museen-, Ausstellungsbesuche ein, auch die Lesezeiten für Literatur und Sonstiges, was Seele und Geist bereichert.
HYGIENE:	Das ist die Pflege- oder Badezimmerzeit, auch Sauna (die ja kein „Sport“ ist).
FERNSEHEN:	Die „aktive“ Sehzeit, wenn Sie nichts anderes tun.
WEITER-BILDUNG:	Die Zeit, in der Sie privat z. B. die Volkshochschule, Sprach- oder Fortbildungskurse oder eine Abendakademie besuchen.
HAUSHALT UND EINKAUF:	Hierzu gehören auch Garten- und Balkonpflege, Wagenwäsche und ähnliches.
NICHTSTUN:	Hierunter verstehen wir das „Herumgammeln“ ohne zweckbestimmte Absicht. Alle „Neune-grade-sein-lassen“, den ziehenden Wolken am Himmel nachschauen und total entspannen.
ALLEINSEIN:	Das ist die Zeit in Ihrem „stillen Kämmerlein“, die „Zurückzieh-Zeit“, während der Sie reflektieren, denken, planend denken und mit sich selbst im inneren Dialog stehen.
FAHRTZEITEN	Die Zeiten, in denen Sie zu verschiedenen Orten, Terminen und Besuchen fahren.

Für was verwende ich meine Zeit?

Überlegen Sie sich zur Auswertung der Erkenntnisse:

- Ist meine Zeitaufteilung passend?
- Stimmt die Gewichtung untereinander?
- Haben Sie genügend Pufferzeiten usw.?
- Haben Sie sich genügend Zeit für sich selbst genommen?

Das Nachdenken über diese Fragen gibt Ihnen sicherlich Aufschluss darüber, wo Ihre persönlichen Zeitsünden begründet liegen und was Sie verändern möchten.

5. Ziele

Der Langsamste, der sein Ziel nicht aus den Augen verliert, geht noch immer geschwinder als jener, der ohne Ziel umherirrt.
(Gotthold E. Lessing)

„Wer kein Ziel hat, für den ist jeder Weg der richtige", lautet eine bekannte Weisheit. Diese Aussage lässt sich erweitern: „Wer kein Ziel hat, braucht kein Zeitmanagement". Ohne Ziele fehlt Ihnen der Erfolgsmaßstab für Ihr Zeitmanagement. Ohne Ziele haben Sie im Grunde genommen keine Zeitprobleme, da Sie nichts erreichen wollen. Im Sinne des Regelkreisprinzips definieren Ziele den Sollzustand Ihres Zeitmanagements. Auch der Einsatz von Stärken, die Konzentration auf das Wesentliche und die Orientierung am Einfachen sind immer auf das Erreichen von Zielen ausgerichtet. Ziele geben Ihrem Leben und Ihrer Arbeit Sinn und Orientierung. Daher sollten Sie sich ausreichend Zeit nehmen, um Ihre Ziele klar zu definieren. Wenn Sie mit großem Einsatz in die falsche Richtung gehen, hilft auch eine noch größere Anstrengung nicht weiter, die Richtung bleibt falsch.

Zeitmanagement umfasst immer Effektivität und Effizienz. Effektivität heißt, die richtigen Dinge zu tun; Effizienz bedeutet, die Dinge richtig zu tun. Ziele planen heißt festzulegen, was die richtigen Dinge sind. Ziele werden in der Realität von einer Vielzahl von Faktoren beeinflusst. Im Berufsleben von den Aufgaben und Anforderungen Ihrer Position, von den Vorstellungen Ihres Vorgesetzten und von Ihren persönlichen Ambitionen, eine Stelle auszufüllen. Aber auch im privaten Bereich werden Ziele nicht nur von Ihren persönlichen Wünschen, sondern auch von den Vorstellungen Ihrer Familie, Ihren Freunden oder Ihren finanziellen Möglichkeiten geprägt.

Folgende Checkliste kann hilfreich sein beim Festlegen ihrer Ziele:
Ist das Ziel

1. messbar und zeitlich fixiert?
2. selbst erreichbar?
3. für mich realistisch und dennoch herausfordernd (nicht zu hoch und nicht zu niedrig!)?
4. in gewissem Sinne flexibel (gibt es eine Minimum- und Idealvorstellung)?
5. schriftlich und als bereits erreicht (ich habe, ich bin) positiv formuliert?
6. im Einklang mit meinen Werten/anderen Zielen (z.B. beruflicher Aufstieg und großes Bedürfnis nach Freizeit...)?
7. in Teilziele oder -Teilschritte (Wochenziel) aufgeteilt?
8. für mich und mein Umfeld wirklich wichtig/sinnvoll (je größer der Nutzen und klarer der Sinn für mich und mein Umfeld ist, desto motivierender ist das Ziel für mich)?

Was bei Zielen noch zu beachten ist:

1. Welche Widerstände (äußere und innere) oder Hindernisse stehen der Zielerreichung im Weg?
2. Wie kann ich diese effektiv umgehen, überwinden oder beseitigen?
3. Worauf (z.B. eigene alte Gewohnheiten und Denkmuster) sollte ich ab sofort am besten verzichten?
4. Gibt es Menschen, die mir bei der Zielerreichung behilflich sein können/diese behindern?
5. Ist die Zielerreichung für mich mit allen Sinnen (was sehe, höre, fühle ich?) erlebbar?
6. Was sind die konkreten ersten Schritte (Maßnahmen) für die Zielerreichung?
7. Gibt es für mich oder andere Nachteile/Kosten durch die Zielerreichung?

Ziele setzen nach der SKE-Regel

Achten Sie beim Setzen von Zielen zusätzlich auf die SKE-Regel:

- S = Stärken
- K = Konzentration
- E = Einfachheit

Denken Sie bei der Suche und Formulierung von Zielen an Ihre Stärken. Passt ein Ziel wirklich zu Ihnen? Entspricht das Ziel Ihren Stärken oder können Sie Ihre Stärken zumindest hinreichend bei der Zielverfolgung einbringen? Haben Sie Freude an dem Ziel? Dies ist die Voraussetzung, damit Sie bei langfristigen Zielen motiviert dabeibleiben.

Konzentrieren Sie sich bei Ihren Zielen wirklich auf das Wesentliche? Verfolgen Sie nicht möglichst viele Ziele, sondern die wesentlichen, die Ihr Berufs- und Privatleben erfolgreich machen. Gibt es eine Rangordnung unter Ihren Zielen oder sind alle Ziele irgendwie gleichwichtig? Haben Sie für die wesentlichen Ziele ausreichend Ressourcen, um sie umsetzen zu können?

Sind Ihre Ziele einfach und verständlich formuliert? Lassen sich die Ziele *einfach* umsetzen? Das heißt nicht, dass Ziele anspruchslos sein sollten, sondern dass die Zielerreichung nicht behindert wird oder unter den gegebenen Rahmenbedingungen nahezu unmöglich ist. Verfolgen Sie Ziele wirklich auf dem einfachsten Weg?

Fragen über Fragen, die Sie sich bei der Auswahl und Festlegung von Zielen kritisch stellen sollten. Die Checkliste in Verbindung mit der SKE-Regel hilft Ihnen, die *richtigen Dinge* festzulegen. Abschließend sollten Sie bei der Planung aller persönlichen und beruflichen Ziele noch auf zwei weitere wesentliche Aspekte achten:

- Zielhierarchie
- Zielkongruenz

Zielhierarchie bedeutet, dass es eine Ordnung zwischen den einzelnen Zielen gibt und untergeordnete aus übergeordneten Zielen abgeleitet werden. In einem Unternehmen werden beispielsweise Unternehmensziele festgelegt, die dann in Abteilungsziele und Bereichsziele bis hin zu einzelnen Mitarbeiterzielen herunter gebrochen und konkretisiert werden. Analog spalten Sie in Ihrem Zeitmanagement Ihre Jahresziele in Wochen- und Tagesziele auf. Die untergeordneten Ziele dürfen nicht im Widerspruch zu Oberzielen stehen und müssen einen Beitrag zur Zielerreichung der übergeordneten Ziele leisten.

Zielkongruenz bedeutet, dass einzelne Ziele generell nicht im Widerspruch zueinanderstehen, so dass Sie mit der Verfolgung des einen Ziels das andere Ziel konterkarieren. Ein Widerspruch wäre es beispielsweise, wenn Sie beruflich noch weitere Aufgaben übernehmen, die zu Überstunden führen und sich gleichzeitig vornehmen, mehr Zeit mit Ihrer Familie zu verbringen. Im besten Fall sind Ihre Ziele nicht nur widerspruchsfrei, sondern ergänzen sich gegenseitig. Das heißt mit der Erreichung eines Ziels nähern Sie sich gleichzeitig einem anderen Ziel. Solche Ziele sind komplementär. Wenn Ihre persönlichen Jahresziele lauten, mehr Zeit mit Ihrer Familie zu verbringen und Ihre Gesundheit zu verbessern, können Sie sicherlich beides erreichen, wenn Sie Überstunden und Stress im Beruf abbauen.

6. Life-Balance

Die Kunst des Ausruhens ist ein Teil der Kunst des Arbeitens.
(John Steinbeck)

Im Sinne der Zielkongruenz erscheint es sinnvoll, sich auf sehr ähnliche Ziele einer Zielkategorie zu konzentrieren, beispielsweise voll und ganz auf berufliche Ziele. Dies kommt auch dem Prinzip der Konzentration auf das Wesentliche entgegen. Verschiedene Ziele im Leben sind jedoch selten widerspruchsfrei und Sie sollten gar nicht versuchen, ein möglichst eindimensionales Leben zu führen. Leben bedeutet vielmehr Vielfalt, das Agieren in verschiedenen Rollen und Ausgleich zwischen den unterschiedlichsten, widerstrebenden Bedürfnissen. Dieser Ausgleich, insbesondere zwischen der beruflichen und privaten Sphäre, wird gerne unter dem Schlagwort *Work-Life-Balance* thematisiert. Da Sie auch während der Arbeit leben und die Arbeitszeit kein Gegensatz, sondern ein Teil Ihrer Lebenszeit ist, sollten wir sinnvollerweise von einer *Life-Balance* sprechen. Ziel der Life-Balance ist es, ein individuelles Gleichgewicht zwischen den verschiedenen Lebensbereichen und Zielen zu schaffen.

Ihre Lebensziele gehen sicherlich über Jahresziele hinaus. Lebensziele sind meist grundsätzlicher Natur und resultieren aus grundlegenden persönlichen Werthaltungen, Einstellungen, Sinnfragen oder Glaubenssätzen. Gegenstand von Lebenszielen sind Fragen nach Familie, Kindern, Karriere, Religion etc. Trotz einer grundsätzlichen Langfristigkeit sind Lebensziele nicht ein Leben lang gleich, sondern ändern sich in einzelnen Lebensabschnitten oftmals grundlegend. Lebensziele bleiben oft unverwirklichte Ziele, weil sie unrealistisch sind und zu wenig konkretisiert werden. Lebensziele bleiben auch deswegen unerfüllt, weil das Leben als Betrachtungszeitraum viel zu lang und zu unübersichtlich ist. Lebensziele sind Oberziele, die in Teilziele heruntergebrochen und konkretisiert werden müssen. Unterteilen Sie daher Ihre Lebensziele in messbare Jahresziele.

Das bekannte Zeit-Balance-Modell von Seiwert/Peseschkian definiert vier Lebensbereiche, die im Gleichgewicht gehalten werden sollten:

- Beruf/Leistung
- Beziehungen/Kontakt
- Gesundheit/Körper
- Sinn

Der Bereich *Leistung* bezieht sich insbesondere auf das Berufsleben, Karriere, Erfolgsstreben, Geldverdienen etc. Life-Balance ist deshalb ein wichtiges Thema unserer Leistungsgesellschaft, da für viele Menschen der Beruf immer mehr im Mittelpunkt steht und immer weniger Lebenszeit für andere Bereiche übrig lässt. Leistung wird zum alles dominierenden Bereich der Leistungsträger.

Der Lebensbereich *Kontakt* umfasst alle Zeiten mit sozialen Kontakten außerhalb des Berufslebens. An erster Stelle stehen bei den meisten Menschen die familiären Kontakte mit dem Lebenspartner, den Kindern und Angehörigen. Soziale Kontakte werden aber auch mit Freunden, in Vereinen, Parteien oder sonstigen Organisationen gepflegt. Soziale Kontakte dienen der Wertschätzung und dem sich Geborgenfühlen in einer Gemeinschaft. Es ist erwiesen, dass Menschen mit einer Vielzahl sozialer Kontakte glücklicher sind.

Der Bereich *Körper* bezieht sich auf Gesundheit und physisches Wohlbefinden. Verbunden damit sind die Themen Ernährung, Schönheit, Erholung, Fitness oder Wellness. Diese Themen werden in modernen Gesellschaften immer wichtiger und zählen für viele Menschen zur persönlichen Selbstverwirklichung. Die hitzigen Diskussionen um Körperkult, Anti-Aging oder Rauchverbot zeigen die wachsende Bedeutung dieses Lebensbereiches. Gleichzeitig kollidiert dieser Bereich in hohem Maße mit den beruflichen Leistungszielen. Zunehmende Arbeitsanforderungen und Überstunden beeinträchtigen Gesundheit, Erholung und Entspannung. Wenn in beiden Bereichen besonders hohe Ziele gesetzt werden, wie immer mehr marathonlaufende Top-Manager zeigen, sind Zielkonflikte programmiert und der Burnout oftmals nicht weit.

Der Bereich *Sinn* umfasst schließlich ganz unterschiedliche Themen, die dem persönlichen Leben Sinn und Inhalt geben. Dabei kann es sich um Hobbys handeln, die Beschäftigung mit religiösen und philosophischen Fragen, Weiterbildung, Lesen, Fernsehen und Nachdenken. Hierbei geht es um die ganz persönliche Selbstverwirklichung im Leben.

Grundsätzlich lassen sich diese vier Lebensbereiche nicht klar voneinander trennen und gehen ineinander über. Die Intensität und die zeitliche Ausprägung dieser vier Bereiche sind von Mensch zu Mensch sehr unterschiedlich. Es gibt keinerlei Sollvorgaben, welchen Umfang die Bereiche mindestens und maximal in Ihrem Leben haben sollten. Es liegt in der Selbstverantwortung des Einzelnen herauszufinden, wie viel Gewicht er den vier Bereichen beimessen möchte. Lassen Sie sich dabei nicht zu sehr von Medienberichten oder Ratschlägen guter Freunde beeinflussen. Wie oft Sie Sport treiben oder wie viele Wochenstunden Sie arbeiten, müssen Sie für sich entscheiden. Dies wird in einzelnen Lebensabschnitten sehr unterschiedlich sein. Je nachdem, ob Sie gerade ins Berufsleben einsteigen, eine Familie gründen oder kurz vor dem Ruhestand stehen, werden sich Ihre Schwerpunkte verschieben. Letztendlich müssen Sie herausfinden, welches Gleichgewicht der Lebensbereiche Sie im Moment glücklich und zufrieden macht.

Dennoch sollten Sie keinen der vier Bereiche völlig vernachlässigen. Dies würde mittel- bis langfristig Ihre Life-Balance aus dem Gleichgewicht bringen und Ihren Erfolg in den anderen Lebensbereichen beeinträchtigen. In vielen Untersuchungen wurde nachgewiesen, dass beispielsweise der alleinige Fokus auf den Beruf zu gesundheitlichen Problemen und Verlust sozialer Kontakte führt. Dies führt rückwirkend wiederum zu einer nachlassenden Leistungsfähigkeit im Beruf und damit unter Umständen mangels anderer Präferenzen zu einer persönlichen Sinnkrise. In diesem Sinne lassen sich Abhängigkeitsbeziehungen zwischen allen vier Lebensbereichen darstellen. Da die verfügbare Zeit begrenzt ist, geht letztendlich jede Intensivierung eines Bereiches zu Lasten der anderen Bereiche. Sie müssen selbst Ihre persönliche Life-Balance finden, in der Sie sich glücklich fühlen und alle Bereiche ausreichend berücksichtigt sind.

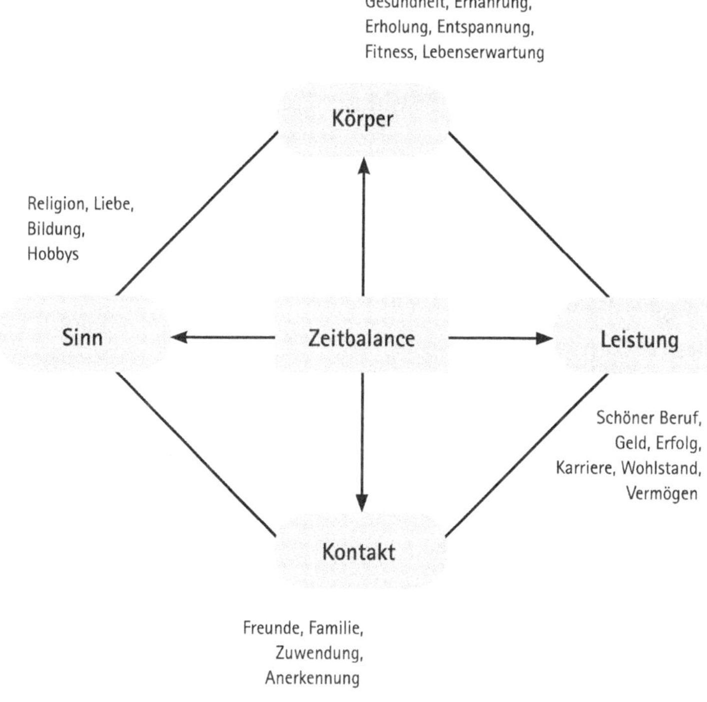

Das Zeit-Balance-Modell (nach Seiwert/Peseschkian)

Life-Balance in der Jahresplanung

Das Modell der *Life-Balance* von Seiwert/Peseschkian spielt insbesondere in der Jahresplanung eine zentrale Rolle. Es ist unrealistisch zu glauben, Sie könnten täglich alle vier Lebensbereiche angemessen berücksichtigen. Um jedoch keinen Bereich dauerhaft zu vernachlässigen, sollten Sie das Life-Balance-Modell bei der Planung Ihrer Jahresziele berücksichtigen.

1. Legen Sie für die kommenden zwölf Monate konkrete Jahresziele fest, die Sie erreichen möchten. Beachten Sie dabei die Checkliste und die SKE-Regel.
2. Formulieren Sie für jeden Lebensbereich Ihrer Life-Balance mindestens ein Jahresziel.
3. Entwickeln Sie für jedes Jahresziel gleichzeitig ein oder mehrere konkrete Maßnahmen, mit denen Sie Ihr Jahresziel erreichen möchten.

Die Visualisierung mit Hilfe eines Mindmaps (siehe Beispiel) hilft Ihnen, einen schnellen Überblick über Ihre Jahresziele zu gewinnen. Die Hauptäste sind die vier Lebensbereiche, die Äste zweiter Ordnung Ihre Jahresziele und die Zweige dritter Ordnung konkrete Maßnahmen zur Zielerreichung. Zur besseren Transparenz empfiehlt es sich, unterschiedliche Farben für das Mindmap zu verwenden.

Meine Jahresziele und Maßnahmen

Folgende Fragen könnten Sie sich stellen:

- Was will ich im nächsten Jahr beruflich erreichen?
- Gibt es ein Ziel im Bereich meiner Hobbys?
- Welche Weiterbildungsmaßnahme wäre sinnvoll?
- Soll es Veränderungen in meinem Heim, meiner Wohnung geben?
- Welche größeren Anschaffungen will ich tätigen?
- Was ist mir nächstes Jahr mit meiner Familie, meinen Freunden wichtig?
- Was möchte ich für meine Gesundheit tun?
- ……

Beschreiben Sie jedes Jahresziel in einem Dokument:

Jahresziel:	**Bereich:**
Schriftlich	Genaue Beschreibung des Ziels
Messbar	Festlegung der Messgröße oder abgeleiteter Indikatoren
Attraktiv	Was bedeutet das Ziel für Sie? Warum ist das Ziel für Sie wichtig?
Realistisch	Welcher Aufwand ist mit diesem Ziel verbunden? Ist das im Alltag dauerhaft zu bewältigen?
Terminiert	Bis wann ist das Ziel erreicht?

Überprüfen Sie abschließend die Ziele nach der SKE-Regel!

- Entsprechen die Jahresziele Ihren Stärken?
- Sind die Jahresziel wirklich wesentlich für den jeweiligen Lebensbereich?
- Sind die Ziele und Maßnahmen einfach, das heißt, bei Ihren Rahmenbedingungen, mit Ihren Ressourcen, in Ihrem Umfeld umsetzbar?

7. Jahresplanung

Die Zeit ist, wie jede Zeit, eine sehr gute Zeit, wenn wir nur etwas mit ihr anzufangen wissen.
(Ralph Waldo Emerson)

Kennen Sie Ihre drei wichtigsten Ziele in diesem Jahr? Haben Sie sich damit in der letzten Woche beschäftigt? Falls Sie bei der ersten Frage zögern und bei der zweiten Frage ins Grübeln kommen, sollten Sie sich mit Ihrer Jahresplanung beschäftigen. Einige wesentliche Aspekte wurden bereits genannt. Abschließend zu diesem Thema eine Zusammenfassung der wichtigsten Punkte:

1. Schreiben Sie Ihre Jahresziele auf!
   Die Jahresziele sind die großen Steine in Ihrem Kieselbehälter, die Sie über einen längeren Zeitraum beschäftigen. Formulieren Sie diese schriftlich, damit sie nicht im Alltag von weniger relevanten Themen verdrängt und vergessen werden. Mit der Schriftlichkeit und der Festlegung eines Zielzustands lässt sich der Zielerreichungsgrad regelmäßig überprüfen.
2. Verbinden Sie Ihre Jahresziele direkt mit einem Maßnahmenplan!
   Ziele werden oft deswegen nicht dauerhaft verfolgt, weil sie zu abstrakt und wenig greifbar formuliert sind. Je größer das Ziel, desto allgemeiner und nichtssagender sind oft die Beschreibungen. Es fehlt der Bezug zur konkreten Umsetzung. Versuchen Sie daher jedes Ziel gleich in einzelne messbare Maßnahmen herunter zu brechen, die zu Ihnen passen und deren Umsetzung Sie leicht verfolgen können.
3. Merken Sie sich Ihre Jahresziele!
   Auch wenn Sie Ihre Jahresziele schriftlich fixieren, um sie nicht unbewusst zu verfremden oder im Zeitablauf in ihrem Anspruch zu reduzieren, so sollten Sie diese in konkrete To-dos umwandeln und sich auf Wiedervorlage legen. Schließlich sind es Ihre wichtigsten Ziele, an denen Sie über einen langen Zeitraum intensiv arbeiten.
4. Beginnen Sie Ihre Jahresplanung frühzeitig!
   Im Geschäftsleben erleichtert es meist die Planung, wenn die Jahresziele dem Kalenderjahr entsprechen und auch privat beginnen viele Ziele mit dem neuen Jahr. Allerdings sollten Ihre Ziele mehr als kurzfristige Silvestervorsätze sein. Beschäftigen Sie sich frühzeitig und intensiv mit

Ihren großen Zielen, damit Sie nicht anschließend viel Zeit in die Erreichung falscher oder schlampig formulierter Ziele investieren.

5. Übernehmen Sie berufliche Ziele aus dem Mitarbeiter-Jahresgespräch!
   In vielen Unternehmen werden einmal jährlich in einem Mitarbeitergespräch zwischen Vorgesetzten und Mitarbeiter die Ziele für das kommende Jahr formuliert. Diese Ziele sollten Sie natürlich in Ihrer persönlichen Jahresplanung aufgreifen. Sie sollten beruflich keine andere Zielagenda verfolgen als vereinbart, können aber für sich noch weitere berufliche Ziele ergänzen.
6. Legen Sie berufliche und private Jahresziele fest!
   Ihre Jahresplanung darf niemals nur berufliche Ziele umfassen. Im Sinne Ihrer Life-Balance sind auch die Bereiche Körper, Kontakte und Sinn ausreichend (mindestens jeweils ein Ziel) zu berücksichtigen.
7. Legen Sie neue und alte Jahresziele fest!
   Sie müssen sich nicht jedes Jahr neue Ziele ausdenken, unabhängig ob Sie Ihre bisherigen Ziele erreicht haben oder nicht. Jedes Jahr bringt in manchen Bereichen Veränderungen und damit neue Ziele, während Sie auf anderen Feldern jedes Mal vor der gleichen Herausforderung stehen. Die Wertigkeit eines Ziels wird nicht durch ihren Neuigkeitsgrad bestimmt.
8. Behalten Sie Ihre Jahresziele im Blick!
   Ziele setzen ist einfach, Ziele umsetzen ist meist schwer. Jahresziele stellen häufig große Herausforderungen dar, die Sie über einen langen Zeitraum verfolgen müssen. Damit Sie diese Ziele im Arbeitalltag nicht aus den Augen verlieren und sie kurz vor Schluss angesichts des Aufwands gar nicht mehr schaffen können. Das kann nicht passieren, wenn Sie jedes Ziel in Teilziele, zeitliche To-dos runterbrechen, in einer Übersicht festhalten und sich auf Wiedervorlage legen. So können Sie gut überblicken, in wieweit Sie die einzelnen Ziele bereits erreicht haben.
9. Begrenzen Sie Ihre Jahresplanung auf weniger als zehn Ziele!
   Beschränken Sie Ihren Eifer bei der Planung Ihrer Ziele. Ziele planen ist einfacher als Ziele erreichen. Je mehr Ziele Sie formulieren, desto schwieriger wird es für Sie, den Überblick zu behalten. Je mehr Ziele Sie verfolgen, desto höher ist der tägliche und wöchentliche Zeitbedarf. Sie sollten in allen vier Lebensbereichen möglichst nicht mehr als zehn große Ziele verfolgen, ansonsten besteht die Gefahr, dass Sie auch eher unwichtige Ziele anstreben.

Jahresziele zu erreichen, erfordert meist viel Ausdauer über einen langen Zeitraum. Leichter wird es, wenn Sie sich einige Gewohnheiten zulegen, die Sie zum Ziel führen. Dies ist Thema des nächsten Kapitels.

8. Gewohnheiten

Nicht die Vernunft ist die Richtschnur des Lebens, sondern die Gewohnheit.
(David Hume)

Wissen Sie eigentlich, wie viele Gewohnheiten Sie haben? Sicherlich kennen Sie einige Ihrer Gewohnheiten, vor allem die schlechten, da diese mehr stören. Sie nehmen aber nur einen Bruchteil Ihrer Gewohnheiten wahr, weil Sie die meisten gar nicht beachten, da Sie ihnen so normal und *gewöhnlich* vorkommen. In Anlehnung an Pareto besteht Ihr Leben vermutlich zu mehr als 80 Prozent aus Gewohnheiten.

Gewohnheiten erleichtern Ihr Leben, da Sie etwas automatisch tun, ohne darüber nachzudenken. Der Großteil unserer Handlungen folgt Gewohnheiten. Diese können – richtig ausgewählt und eingesetzt – unser Leben vereinfachen und beschleunigen. Dennoch ist es schwer, sich neue Gewohnheiten anzueignen und alte abzulegen. Sie gewöhnen sich an Ihre Gewohnheiten häufig bereits ein Leben lang und müssen, um sie zu ändern, bekannte Handlungsabläufe verändern und neu justieren. So wie Sie sich gute und schlechte Gewohnheiten angeeignet haben, können sie diese auch wieder ablegen oder verändern.

Gewohnheiten spielen eine große Rolle bei der Erreichung Ihrer Ziele. Natürlich macht es keinen Sinn, sich für einmalige Tages- oder Wochenziele Gewohnheiten anzueignen. Bei langfristigen Zielen, für deren Erreichung Sie viele Stunden aufwenden müssen, sind Gewohnheiten jedoch sehr hilfreich. Mit Gewohnheiten müssen Sie nicht mehr aktiv an eine Sache denken, sondern machen diese einfach – Zähne putzen ist das beste Beispiel. Gewohnheiten brauchen keine Überwindung und sie entlasten Ihr Gehirn. Gewohnheiten sparen Zeit, das Erwerben neuer Gewohnheiten ist allerdings zeitaufwändig. Hier ein paar Tipps, worauf Sie achten sollten:

1. Lassen Sie sich Zeit!
   Gewohnheiten brauchen Zeit und müssen sich erst im Unterbewusstsein festsetzen. Laut Messungen benötigt man im Durchschnitt rund 21 Wiederholungen bis eine Handlung zur Gewohnheit wird; bei täglicher Wiederholung also mindestens 21 Tage. Wenn Sie es einmal auf die alte Art und Weise getan habe, dann müssen Sie wieder bei null anfangen. Im Einzelfall kann es natürlich deutlich kürzer oder länger dauern. Also, dranbleiben und sich dafür die Zeit nehmen!

2. Konzentrieren Sie sich auf eine neue Gewohnheit!
   Versuchen Sie nicht, sich mehrere Gewohnheiten auf einmal anzueignen. Es gelingt nicht, sich in verschiedenen Bereichen gleichzeitig zu verändern, denn bisherige Gewohnheiten haben sich häufig ein Leben lang verfestigt. Ihnen fehlt schlicht die Zeit, sich täglich bzw. regelmäßig mit dem Einüben mehrerer neuer Gewohnheiten zu beschäftigen. Je mehr Sie gleichzeitig verändern wollen, desto weniger werden Sie im Ergebnis erreichen.
3. Schaffen Sie Kapazitäten für neue Gewohnheiten!
   Schaffen Sie bewusst zeitliche Kapazitäten für das Einüben neuer Gewohnheiten, indem Sie auf bestimmte Zeiträuber, schlechte Gewohnheiten oder überflüssige Aktivitäten verzichten. Überlegen Sie, wo Sie die Zeit für neue Gewohnheiten einsparen können.
4. Keine Ausnahmen!
   In der Trainingszeit für neue Gewohnheiten gibt es keine Ausnahme, auch unter ungünstigsten Umständen und selbst wenn Sie überhaupt keine Lust haben. Solange Gewohnheiten noch nicht automatisiert sind, ist jede Unterbrechung (fast) gleichzusetzen mit einem Neustart.
5. Sorgen Sie für Erinnerungshilfen!
   In der Gewöhnungsphase denken Sie noch nicht automatisch an Ihre neuen Gewohnheiten. Daher müssen Sie sich Erinnerungshilfen schaffen. Notieren Sie sich Zeiten für Ihre Gewohnheit im Kalender, kleben Sie Post-its an den Spiegel oder über Ihren PC-Bildschirm. Wichtig ist, dass Sie Ihre Erinnerungshilfen nicht übersehen können und dauernd daran erinnert werden.
6. Erleichtern Sie die Rahmenbedingungen für das Erlernen von Gewohnheiten!
   Sorgen Sie für günstige Rahmenbedingungen, damit Ihnen das Einüben von Gewohnheiten leichtfällt. Wenn Sie mehr Sport machen möchten, legen Sie Ihre Sportbekleidung neben die Wohnungstür, wenn Sie mehr sparen möchten, richten Sie einen Dauerauftrag ein.
7. Haken Sie Ihre Gewohnheiten schriftlich ab!
   Haken Sie jede Ausübung einer neuen Gewohnheit schriftlich ab. Dadurch bekommen Sie nicht nur einen Überblick über Ihre Leistung; jeder Haken ist gleichzeitig ein persönliches Erfolgserlebnis.
8. Analysieren Sie Ihr Gewohnheitsverhalten!
   Überlegen Sie, wie Ihre bisherigen Gewohnheiten zustande kamen. Was waren die Ursachen? Gab es bestimmte Auslöser oder Reizworte für Ihr bisheriges Handeln in bestimmten Situationen? Sprechen Sie mit

Freunden und Kollegen über Ihr bisheriges Gewohnheitsverhalten. Wenn Sie Ihre bisherigen Reaktionsmuster kennen, können Sie daraus neue Gewohnheiten ableiten.

9. Verbinden Sie neue Gewohnheiten mit bisherigen Aktivitäten!
   Sie können neue Gewohnheiten leichter automatisieren, wenn Sie diese zeitlich mit Ihren bisherigen Gewohnheiten koppeln. Üben Sie zum Beispiel neue Gewohnheiten immer direkt morgens nach dem Einschalten Ihres PCs oder nach dem Mittagessen aus. Schaffen Sie gleichbleibende Rituale für Ihre neuen Gewohnheiten. Erstellen Sie sich eine „Immer-wenn-dann-Regel, z.B. immer, wenn ich morgens meinen PC einschalte, arbeite ich für fünf Minuten an meiner Ablage.
10. Belohnen Sie sich für neue Gewohnheiten!
    Neue Gewohnheiten einzuüben ist nie leicht, da Sie eine Veränderung und Irritation des Bisherigen darstellen. Belohnen Sie sich daher am Anfang für jede erfolgreiche Ausübung mit einer Kleinigkeit. Nutzen Sie die Anreizwirkung von Belohnungen.
11. Vereinbaren Sie Termine für neue Gewohnheiten!
    Planen Sie Ihre Gewohnheiten zeitlich. Halten Sie sich Zeitfenster im Kalender frei und verteidigen Sie diese Eigenzeiten gegenüber der Flut des Dringlichen.
12. Fangen Sie sofort an mit neuen Gewohnheiten!
    Fangen Sie sofort mit neuen Gewohnheiten an und verschieben Sie diese nicht auf bestimmte Stichtage in der Zukunft (im neuen Jahr...). In Zukunft werden Ihre heutigen Absichten bereits wieder von anderen Themen verdrängt. Verschobene Gewohnheiten werden selten realisiert. Sofort anzufangen macht allerdings wenig Sinn, wenn Sie gerade nicht in Ihrem gewohnten Rhythmus sind (zum Beispiel in Urlaubszeiten).
13. Nutzen Sie Checklisten für neue Gewohnheiten!
    Wenn Sie bei bestimmten Abläufen mit Checklisten arbeiten, nehmen Sie neue Gewohnheiten in die Checkliste mit auf. Checklisten sind eine praktische Erinnerungshilfe für neue Gewohnheiten.
14. Reden Sie über Ihre neuen Gewohnheiten!
    Reden Sie mit Anderen über Ihre neuen Absichten und Gewohnheiten. Damit setzen Sie sich selbst unter Erfolgszwang, denn wer gibt schon gerne zu, dass er es nicht schafft, sich etwas Neues anzugewöhnen. Positiver Nebeneffekt: Sie bekommen Anregungen aus ähnlichen Erfahrungen Anderer. Es sind meist viel mehr Menschen, die sich mit den gleichen Gewohnheiten beschäftigen, als Sie glauben.

So viel zum Thema Gewohnheiten. Sie sind der Alleinverantwortliche für Ihre Gewohnheiten. Nur Sie können Ihre Gewohnheiten ändern, und zwar täglich. Dabei ist es völlig normal, dass Sie mit neuen Gewohnheiten Umsetzungsprobleme haben. Das liegt nicht an Ihnen, sondern daran, dass Sie bestimmte Abläufe einfach nicht gewohnt sind.

Übung: Gewohnheiten trainieren

Gewohnheit:

____

Was mache ich genau: (exakte Zielbeschreibung)

____

____

____

Häufigkeit: (z. B. 1x täglich)

____

Zeitraum: (von bis...)

____

Wie verankere ich meine neue Gewohnheit: (Rahmenbedingungen, Ersatz für...)

____

____

____

Belohnung für einmalige Wiederholung:

____

Gesamtbelohnung:

____

Check: (Datum der Wiederholungen notieren)

___	___	___	___	___
___	___	___	___	___
___	___	___	___	___
___	___	___	___	___
___	___	___	___	___
___	___	___	___	___

9. Wochenplanung

Der Schlüssel liegt nicht darin,
Prioritäten zu setzen für das, was im Terminplan steht, sondern darin, Termine für Ihre Prioritäten festzulegen.
(Stephen R. Covey)

Die Wochenplanung ist das Bindeglied zwischen langfristiger Jahres- und kurzfristiger Tagesplanung und dauert nur wenige Minuten. Natürlich ist es denkbar, die Jahresplanung zuerst in eine Quartals- oder Monatsplanung zu untergliedern, bevor Sie eine Wochenplanung durchführen. Investieren Sie nicht zu viel Zeit in zu viele Pläne. In den allermeisten Fällen reichen eine Jahres-, eine Wochen- und eine Tagesplanung aus. Diese Pläne umfassen natürliche, in sich abgeschlossene Zeiträume mit einem *einmaligen* Rhythmus. Der Jahresrhythmus von Neujahr bis Silvester ist durch die Jahreszeiten und Feiertage geprägt; der Wochenrhythmus ist durch die Arbeitswoche und das Wochenende sowie durch Arbeit und Freizeit gekennzeichnet und der Tagesrhythmus wird schließlich durch Tag und Nacht, Wachzeit und Schlafzeit, hell und dunkel markiert. Das sind klare Zäsuren, die die Zeiträume voneinander trennen. Das Quartal ist hingegen nur eine Wiederholung mehrerer Monate, der Monat eine Wiederholung mehrerer Wochen.

Hier nun einige Anforderungen an Ihre Wochenplanung:

1. Gestalten Sie aktiv Ihre Wochenplanung!
   Die Wochenplanung findet nicht einmalig zu einem bestimmten Zeitpunkt statt, sondern Ihr Kalender der nächsten Wochen füllt sich permanent durch neue Termine und Aufgaben. *Er füllt sich* heißt, Sie müssen nicht aktiv werden, die Termine und Aufgaben kommen von allein. Sie sollten aber unbedingt aktiv werden und selber (mit)entscheiden, welche Termine in Ihren Kalender kommen.
2. Denken Sie an regelmäßige Bürozeiten!
   Besonders Führungskräfte neigen dazu, von Meeting zu Meeting zu eilen, in vielen Arbeitskreisen zu sitzen und in vielen Netzwerken mitzuwirken. Es ist ja oft auch recht schön, die Zeit außerhalb des Büros zu verbringen. Dennoch haben alle ein Büro und auf dem Schreibtisch stapeln sich in der Zwischenzeit die Unterlagen; auch die E-Mails werden nicht von allen

mobil abgerufen. Kurzum, es macht durchaus Sinn, sich regelmäßig im Büro blicken zu lassen und die vielen Aktivitäten, die während der Meetings vereinbart wurden, in die Wege zu leiten, die nächsten Arbeitskreise vorzubereiten und die Protokolle der letzten Sitzungen nachzulesen. Regelmäßige Bürozeiten helfen Ihnen, mit Ihren Aufgaben am Ball zu bleiben und sind für Kunden, Mitarbeiter und Kollegen wichtig, um Dinge persönlich und zeitnah mit Ihnen abzustimmen. Das gilt auch für den Außendienstmitarbeiter im Vertrieb. Damit Bürozeiten nicht nur die Restmenge Ihres Wochenplans sind, müssen Sie selbst aktiv Zeiträume dafür blocken. Sie vereinfachen und strukturieren Ihr Leben und das Leben Anderer, wenn es Ihnen gelingt, dafür möglichst feste Zeiten oder Wochentage zu reservieren. Für den Außendienst wäre es sinnvoll, wenn der Anfahrtsweg für den ersten Kunden nicht zu weit ist, sich möglichst morgens eine Zeit für die Büroarbeit einzuplanen, damit die besuchten Kunden nicht zu lange auf ihre Angebote warten müssen.

3. Tragen Sie frühzeitig A- und B-Aufgaben als feste Termine ein!
   Das Wichtigste im Zeitmanagement sind Ihre A- und B-Aufgaben, C-Aufgaben sind lediglich dringend. Daher sollten Sie für Ihre A- und B-Aufgaben großzügig Zeitblöcke in der Wochenplanung vorab reservieren, bevor Sie Ihre Zeit mit Kleinigkeiten verschwenden. Drehen Sie den Spieß um: Reservieren Sie zuerst die Zeiten, die Sie idealerweise für Ihre wichtigen Ziele benötigen und schauen Sie dann, ob noch Zeit für andere Aktivitäten übrigbleibt. Die beste Zeit dafür wäre für die meisten Berufsgruppen morgens, da die Störanfälligkeit in der Regel in dieser Zeit am geringsten ist.
4. Achten Sie auf Ihre Life-Balance!
   Erstellen Sie nur einen einzigen Wochenplan für Arbeit und Freizeit, genauso wie Sie nur einen Jahreskalender führen. Sie sind schließlich ein ganzheitlicher Mensch mit verschiedenen Rollen und Bedürfnissen. Zeiten für private und berufliche Aktivitäten beeinflussen sich gegenseitig und müssen daher aufeinander abgestimmt werden. Um Ihre Life-Balance mit ausreichenden Zeiten auszubalancieren, tragen Sie frühzeitig Eigentermine für Körper, Kontakte und Sinn in den Wochenplan ein; die beruflichen Termine werden Sie sowieso ausreichend beachten.
5. Beachten Sie Rhythmen und Gewohnheiten!
   Der Mensch ist ein Gewohnheitstier und benötigt in einem Mindestmaß gleichbleibende Rhythmen im Zeitablauf. Diese vereinfachen das Leben, da sie automatisiert ablaufen. So ist es vorteilhaft, neben regelmäßigen Bürozeiten auch andere Bereiche der Life-Balance (Montag: Fit-

ness-Studio, Mittwoch: Musikverein...) automatisch als Dauertermin im Wochenplan festzuhalten. Dies erleichtert gleichzeitig Ihren Mitmenschen die gemeinsame Planung.

6. Berücksichtigen Sie erhebliche Pufferzeiten für die Tagesplanung!
   Achten Sie darauf, dass Ihr Wochenplan übersichtlich bleibt. Da sich die Wochenplanung schrittweise aufbaut, besteht die Gefahr, dass Sie nicht frühzeitig auf Freiräume achten. 30 Prozent Ihrer Arbeitszeit für feste Termine (Fremd- und Eigentermine) reichen im Allgemeinen in der Wochenplanung. Täglich kommen neue Aufgaben und Termine hinzu, die meist mehr Zeit in Anspruch nehmen, als Sie glauben.
7. Halten Sie regelmäßige Aktivitäten permanent fest!
   Regelmäßige Termine, die Sie sowieso in- und auswendig kennen und die längst Gewohnheit sind, sollten Sie dennoch schriftlich in Ihrem Wochenplan festhalten. Auch diese Termine beanspruchen Zeit und müssen mit anderen Aufgaben zeitlich koordiniert werden.
8. Achten Sie auf genügend „Freizeiten“!
   Sie sind für Ihre Zeitverwendung selbstverantwortlich, auch wenn Sie oft nicht frei über Ihre Zeit verfügen können. Gestalten Sie daher aktiv Ihren Wochenplan, damit er nicht gestaltet wird. Wenn Sie merken, dass die *Freizeiten* in Ihrem Wochenplan schwinden, sagen Sie frühzeitig Stopp zu neuen Aufgaben und Terminen. Wenn Sie zu großzügig mit Ihrer Zeit umgehen, werden Sie Ihre Aufgaben kaum schaffen und vieles wird sich noch mehr verzögern. Bei einem klaren Stopp wirken Sie zudem für Ihre Umwelt kalkulierbarer und zuverlässiger.
9. Kontrollieren Sie Ihre Jahresziele!
   Dieser Punkt wurde schon mehrfach angesprochen, kann aber nicht oft genug betont werden. Wenn Sie Ihre großen Jahresziele erreichen wollen, müssen Sie in der Regel viel Zeit investieren, frühzeitig anfangen und jede Woche daran arbeiten. Kontrollieren Sie Ihren Wochenplan darauf, ob genügend Zeiträume für Ihre Jahresziele enthalten sind.
10. Nehmen Sie sich Zeit für einen Wochencheck!
   Die Kontrolle der Zeitfenster für das Wichtige ist Aufgabe Ihres Wochenchecks. Auch wenn Sie Ihren Wochenplan nicht an einem festen Zeitpunkt erstellen, so sollten Sie sich dennoch zu einem festen Zeitpunkt pro Woche einen Überblick über Ihre kommende Woche verschaffen. Setzen Sie sich zum Beispiel am Freitagnachmittag als letzte *Amtshandlung* Ihrer Arbeitswoche noch einmal mit der Folgewoche auseinander. Für den Außendienstmitarbeiter im Vertrieb ist der Freitag ebenso eine günstige Zeit sich seine grobe Tourenplanung zu erstellen.

Der Wochencheck

Der Wochencheck hat drei wichtige Aufgaben:

1. Prägen Sie sich den Ablauf und die wichtigsten Termine der nächsten Woche gedanklich ein. Versuchen Sie ein inneres Bild von den Anforderungen und der Zeitstruktur der nächsten Woche zu bekommen, ähnlich wie sich ein Slalomfahrer vor dem Start den Verlauf der Rennstrecke und die Positionierung der Slalomstangen bewusst macht.
2. Überprüfen Sie in Ihrem Wochenplan, ob Sie Ihre Life-Balance in der nächsten Woche ausreichend berücksichtigen. Falls nicht, tragen Sie entsprechende Termine nach.
3. Überprüfen Sie in Ihrem Wochenplan, ob Sie genügend Zeit für Ihre Jahresziele und Ihre A- und B-Aufgaben eingeplant haben. Falls nicht, tragen Sie entsprechende Eigentermine nach.

Der Wochencheck dauert meist nur fünf Minuten, hilft Ihnen jedoch, Ihren Wochenplan bewusst ins Gedächtnis zu rufen und ihn zu verändern. Das gibt Ihnen ein gutes Gefühl, dass Sie selbst die nächste Woche steuern.

10. Tagesplanung

Gegenüber der Fähigkeit,
die Arbeit eines einzigen Tages sinnvoll zu
ordnen, ist alles andere im Leben
ein Kinderspiel.
(Goethe)

Die Tagesplanung ist Ihre kleinste Planungseinheit. Es macht gemessen an Aufwand und Nutzen keinerlei Sinn, auch noch einzelne Stunden detailliert zu planen. Je kleiner der Planungszeitraum, desto größer die Wahrscheinlichkeit, dass Ihre Pläne bei Störungen nicht eingehalten werden können.

Hier nun einige Regeln für eine einfache und effektive Tagesplanung:

1. Machen Sie Ihre Tagesplanung immer am Vorabend!

Alle Pläne sind schriftlich, dies gilt auch für die Tagesplanung. Beim Aufschreiben Ihrer Tagesziele müssen Sie nicht auf eine besondere Form achten. Es geht darum, dass Sie am nächsten Tag das machen, was Sie sich als wichtig vornehmen. Nach diesem Tag verschwindet Ihr Tagesplan im Müll und Sie entwickeln einen neuen. Zehn Minuten Zeit für die Erstellung Ihres Tagesplans sind ausreichend. Zehn Minuten täglich sind auch auf Dauer keine Arbeit, können Ihnen jedoch die Arbeit sehr erleichtern und Sie bekommen das Gefühl, dass Sie Ihre Aufgaben im Griff haben.

Erstellen Sie Ihre Tagesplanung am Vorabend und beschließen Sie damit Ihren Arbeitstag. Dies hat mehrere Vorteile:

- Wenn Sie mit einer Tagesplanung arbeiten, werden Sie abends sowieso überprüfen, inwieweit Sie Ihre Tagesziele tatsächlich erreicht haben. Im Rahmen dieser Überprüfung legen Sie gleich wieder die Ziele für den nächsten Tag fest. Einzelne nicht erledigte Aufgaben übertragen Sie in den nächsten Tagesplan nur dann, wenn es angesichts Ihrer Prioritäten am nächsten Tag sinnvoll ist.
- Bei der Tagesplanung am Vorabend beschäftigen Sie sich mit Ihren Terminen am nächsten Tag. Sie werden dabei zum Beispiel daran erinnert, dass Sie für einen Auswärtstermin bestimmte Unterlagen mitnehmen müssen. Das heißt, Sie müssen sich am Abend sowieso mit dem nächsten Tag beschäftigen, um nichts zu übersehen.

- Sie kalkulieren abends Aufgaben und Zeiträume in der Regel realistischer als am frühen Morgen, da Ihnen die Zeitprobleme des aktuellen Tages und die Störungen noch bewusst sind. Sie nehmen sich daher eher weniger für den nächsten Tag vor und erreichen dann durch das Wenige eher mehr.
- Es wird Ihnen leichter fallen Abend abzuschalten, da sie wissen, der Tag ist realistisch geplant und die Aufgaben müssen nicht weiter in Ihrem Kopf rumspuken.
- Bei der Tagesplanung am Vorabend entwickeln Sie frühzeitig ein Gefühl für die Anfordcrungen des nächsten Tages und wissen, was auf Sie zukommt. Im Unterbewusstsein arbeiten Sie abends und nachts schon an den Aufgaben und wachen im Idealfall schon mit passenden Lösungen auf. Die besten Ideen kommen immer dann, wenn man nicht bewusst an etwas denkt – unter der Dusche, beim Sport oder im Bett. Lassen Sie einfach Ihr Unterbewusstsein für sich arbeiten.
- Und zu guter Letzt: Am nächsten Tag können Sie gleich ohne weiteren Planungsanlauf in die Erledigung Ihrer Tagesziele starten, ohne sich um Auswahl, Reihenfolge und Prioritäten von Aufgaben kümmern zu müssen. Es hindert Sie nichts mehr daran, Ihr Zeitmanagement umzusetzen.

2. Arbeiten mit der To-do-Liste!

Wichtigstes Ziel Ihrer Tagesplanung ist es, aus der Vielzahl von Aufgaben die tatsächlich Wichtigsten für den nächsten Tag auszuwählen. Dies gelingt nur dann schnell, wenn Sie einen vollständigen Überblick über Ihre gesamten Aufgaben haben. Sammeln Sie Ihre Aufgaben auf verschiedenen Stapeln am Schreibtisch, in Hängeregistern unter dem Schreibtisch oder Aktenordnern hinter dem Schreibtisch, werden Sie diesen vollständigen Überblick sicherlich nicht gewinnen.

Tragen Sie daher die Aufgaben, die täglich auf Sie zufliegen – unabhängig von ihrer Wichtigkeit und Dringlichkeit – sofort in eine To-do-Liste ein. Allerdings werden Aufgaben, die per E-Mail kommen, nicht in die To-do-Liste übertragen. Wie Sie Ihre E-Mail-Flut in den Griff bekommen, dazu kommen wir noch etwas später. Die To-do-Liste bildet zusammen mit Ihrem Terminkalender, Ihrer Wiedervorlage und der strukturierten Ablage ihrer Aufgaben in Mailform die vier Pfeiler Ihrer Tagesplanung. Mit diesen vier Instrumenten erkennen Sie rasch, was am nächsten Tag ansteht und was an Aufgaben nötig und möglich ist.

Im Terminkalender sind Ihre gesamten internen und externen Fixtermine, private Termine und geblockte Eigentermine festgehalten. In Ihrer Wiedervorlage finden Sie die Unterlagen zu den Terminen des nächsten Tages, Ihre Projektlisten mit den anstehenden To-dos, sowie Erinnerungen an langfristige Aufgaben, Telefonate etc., die Sie sich vorgemerkt haben.

To-do-Liste

Datum	Aufgabe	Zeitrahmen	bis spätestens

Die To-do-Liste ist eine einfache Kopiervorlage, die Sie erfahrungsgemäß am besten handschriftlich ausfüllen. Drucken Sie sich diese To-do-Liste beidseitig auf einem farbigen Papier aus. Das hat den Vorteil, dass Sie diese Liste sofort auf Ihrem Schreibtisch erkennen können. Sie soll wie ein Anker sein, der ständig mit Ihnen verbunden ist. Jede Aufgabe wird zum Zeitpunkt ihres Auftauchens in eine eigene Zeile eingetragen. Die Bezeichnung der Aufgabe kann lediglich ein Stichwort oder auch ein bis zwei Sätze umfassen. Beschreiben Sie möglichst kurz und bündig die Aufgabe so, dass Sie wissen, was gemeint ist. Tragen Sie schließlich zu jeder Aufgabe eine feste Deadline ein, bis wann Sie die Aufgabe erledigen wollen, oder müssen. Kalkulieren Sie den Endtermin eher knapp mit genügend Zeitpuffer bis zur tatsächlich erforderlichen Fertigstellung. Damit setzen Sie sich selbst unter Handlungsdruck und haben bei Verzug trotzdem noch Spielraum. Eine Aufgabe ohne Deadline darf es niemals geben! Aufgaben, die keinen fest definierten Endzeitpunkt haben, schiebt man ständig vor sich her, bevor sie endlich erledigt werden. Wenn es keine extern vorgegebene Deadline gibt, wählen Sie selbst einen sinnvollen Endtermin. Danach definieren Sie, wie lange Sie für die Erledigung dieser Aufgabe brauchen, ausgedrückt in Stunden oder Minuten.

Beispiel:
Sie sitzen in einem Meeting und bekommen die Aufgabe eine Liste über die Umsatzzahlen der letzten zwei Quartale zu erstellen.

Sie nehmen sofort die To-do-Liste zur Hand und notieren sich:

Erstellung Umsatzzahlen, bis spätestens 28.6. und in die Spalte Zeitrahmen kommt die Nettoarbeitszeit, hier in dem Fall 45 Minuten.

Aus dem Endzeitpunkt und dem Zeitrahmen ergibt sich für mich meine tägliche Priorisierung. Ich muss eine Aufgabe, die erst in 10 Tagen fertig sein muss und ich dafür aber 6 Stunden benötige, ganz anders betrachten als eine Aufgabe, die morgen fertig sein muss und ich brauche dafür nur 10 Minuten. Bei einer anspruchsvollen 6 Stunden-Aufgabe sollte ich schon viel früher anfangen, damit sie gar nicht erst zu einem „A“ wird. Somit kann ich verhindern, immer unter Druck arbeiten zu müssen.

Sobald eine Aufgabe auf der To-do-Liste erledigt ist, wird sie komplett durchgestrichen.

Sollten Sie beide Seiten beschrieben haben, dann fangen Sie eine neue Liste an, übertragen die noch nicht erledigten Aufgaben von der alten Liste auf die neue und werfe die alte Liste weg. Bitte laufen Sie niemals mit zwei Listen herum. Das klingt vielleicht etwas kompliziert, aber ich werde ganz anders mit meinen Aufgaben konfrontiert, wenn ich sie übertragen muss, als wenn ich sie stehen lasse und einfach eine neue Liste beginne. Die Wahrscheinlichkeit, dass Sie die Aufgabe doch endlich erledigen, steigt enorm.

Das ist auch mitunter ein Grund, warum Sie die To-do-Liste nicht elektronisch führen sollten, da Sie eine elektronische To-do-Liste ins Unendliche erweitern können, bis sie irgendwann ein Grab ist. Elektronische Listen sind auch viel zu weit weg von mir, nämlich in irgendeinem Programm, in das ich reinspringen muss. Es ist wichtig die Liste immer im Blick und nah bei sich zu haben, damit sie genutzt wird. Es gibt ein Sprichwort, das heißt:

„Aus den Augen, aus dem Sinn“. Das trifft bei elektronischen To-do-Listen immer zu.

3. Schritte der Tagesplanung

Am sinnvollsten ist es, sich die Tagesplanung elektronisch in einer Excelliste zu erstellen, weil es am schnellsten geht. Sie können sie aber auch handschriftlich machen.

Tagesplanung Datum:

Nr.	**Priorität**				**Aufgabe**	**Zeitdauer**	**Uhrzeit**	**Weitergeleitet**
	A	**B**	**C**	**D**				

1. Alle Aufgaben auflisten, die Sie am nächsten Tag erledigen wollen, oder müssen, außer Termine (Aufgaben aus der To-do-Liste; To-do-Ordner-Mails; Wiedervorlage; Routineaufgaben; Aufgaben die vom heutigen Tag übergeblieben sind)
2. Zeitdauer festlegen und addieren. Schätzen Sie möglichst knapp, da viel Zeit zur Verfügung zu haben, macht Sie nicht effektiv.
3. Rechnen Sie den Zeitrahmen aus, den Sie verplanen dürfen:
   Sie ermitteln Ihre Anwesenheitszeit, d. h., wann komme ich und wann gehe ich nach Hause. Definieren Sie, wann Sie nach Hause gehen wollen! Wenn Sie immer so lange bleiben wollen, bis Sie alles erledigt haben, dann brauchen Sie immer länger, als wenn Sie Ihre Tagesendzeit vorab festlegen.
   Von der errechneten Zeit ziehen Sie Ihre Termine ab (Meetings, Kundentermine), danach Ihre Pausen. Von dieser Summe dürfen Sie maximal 50 % verplanen. Es gibt allerdings Berufsgruppen, die maximal 20–30 % verplanen dürfen. Das sind Mitarbeiter, die ganz viel über das Telefon gestört werden bzw. viel auf Zuruf arbeiten.
   Der Rest der Zeit muss für Unvorhergesehenes als Pufferzeit bleiben! Diese Zeit schreiben Sie unter die unter die vorab addierte Zeit in die Tagesplanung.
4. Prioritäten setzen (A, B, C, D) und im Tagesplan ankreuzen:
   Sie ermitteln, wie anspruchsvoll die Aufgabe für Sie ist. Unter anspruchsvoll versteht man Aufgaben, für die Sie Ihre Ruhe brauchen. Sie müssen sich eindenken, Ihr ganzes Fachwissen ist verlangt. Das sind in der Regel auch die Aufgaben, an denen der meiste Wert hängt. Danach fragen Sie sich, ob diese Aufgabe heute fertig sein muss. Wenn ja, dann ist sie zusätzlich auch dringend.
   - Aufgaben, die anspruchsvoll und zur gleichen Zeit dringend sind, das sind meine A-Aufgaben.
   - Aufgaben, die anspruchsvoll, aber nicht dringend sind, das sind meine B-Aufgaben.
   - Aufgaben, die dringend sind, aber nicht anspruchsvoll sind C-Aufgaben (z. B. E-Mail-Bearbeitung, Routineaufgaben, auch oft delegierbar).
   - Aufgaben, die nicht anspruchsvoll und nicht dringend sind, das sind meine D-Aufgaben, d. h., ich könne Sie auch noch am nächsten Tag erledigen.

Hier noch einmal das Schema dazu:

dringend

C	**A**
D	**B**

anspruchsvoll

5. Kürzen der Aufgaben, bis Sie auf 50 % bzw. 30 % sind:
Zuerst überprüfen Sie Ihre C-Aufgaben, welche davon eventuell delegierbar sind. Wenn Sie eine finden, dann delegieren Sie sie möglichst sofort, damit sich die Person für den nächsten Tag darauf einstellen kann. Dann streichen Sie diese Aufgabe aus Ihrer Tagesplanung. Können Sie diese Aufgabe nicht sofort delegieren, dann schreiben Sie in die Spalte „weitergeleitet" den Namen der Person, an die Sie die Aufgabe delegieren möchten und kürzen auf die Delegationszeit herunter.
Jetzt schauen Sie auf Ihre D-Prioritäten: Was ist delegierbar, oder was kann ich auf den nächsten Tag legen. Schreiben Sie dieses D sofort in die Tagesplanung für den Tag, damit die Aufgabe nicht vergessen wird.
Falls Sie Ihre 50 % (30 %) noch nicht erreicht haben sollten, überprüfen Sie Ihre B-Prioritäten, indem Sie Teilaufgabe von B definieren und auf die Zeit dieser Teilaufgabe kürzen. Bitte verschieben Sie die B-Aufgabe niemals komplett, da sie sonst bald zu einer A-Aufgabe wird und Ihnen >auf die Füße fällt.
Sollten Sie immer noch nicht Ihre Zeit erreicht haben, dann hinterfragen Sie Ihre Termine oder Meetings. Muss ich wirklich zu diesem Meeting gehen, kann ich es absagen, früher gehen, oder den Termin kürzer gestalten?

Kann ich mich an diesem Tag vielleicht mehr abschotten, um die Störanfälligkeit zu verringern? Oder welche Teilaufgabe gibt es eventuell von einer A-Aufgabe, die ich delegieren kann?
Was generell immer gilt: Lieber quick and dirty als gar keine Lösung!

6. Reihenfolge der Abarbeitung definieren:
   Sie legen fest, in welcher Reihenfolge Sie die Aufgaben bearbeiten wollen. Dabei richten Sie sich nach den störanfälligen Zeiten, nach Ihrer Leistungsfähigkeit und den Zeiten, in denen Ihre Termine stattfinden.
   Dementsprechend vergeben Sie den einzelnen Aufgaben Nummern und sortieren Ihre Tagesplanung aufgrund der Nummerierung. Wenn Sie die Tagesplanung in Excel erstellen ist das leicht möglich.
7. Planen Sie für Ihre A- und B-Aufgaben eine *stille Stunde* ein!
   A- und B-Aufgaben sind wichtiger als andere Aufgaben. Sie nehmen sie wichtig, wenn Sie ihnen den Raum und die Konzentration einräumen, der ihnen gebührt. Schotten Sie sich ab, stellen Sie Ihr Telefon um, machen Sie Ihre Bürotür zu. Wären Sie in einem Meeting oder auf Dienstreise, wären Sie schließlich auch nicht zu sprechen. Es geht, wenn Sie wirklich wollen und es auch machen; Andere machen es auch.

Jede einzelne Störung führt zu einer abrupten Unterbrechung der aktuellen Arbeit und damit zu einem Leistungsrückgang auf null. Beim Wiederaufnehmen der Arbeit dauert es je nach Komplexität der Aufgabe bis zu drei Minuten, bis das ursprüngliche Leistungsniveau wieder erreicht ist. Empirische Studien an amerikanischen Büroarbeitsplätzen haben gezeigt, dass durchschnittlich 17 Störungen pro Stunde auftreten. Ist dies tatsächlich der Fall, lässt sich schnell berechnen, dass der durchschnittliche Angestellte praktisch nie mit voller Leistungsfähigkeit arbeiten kann. Sie können und sollten sich dagegen wehren!

Tagesstörkurve

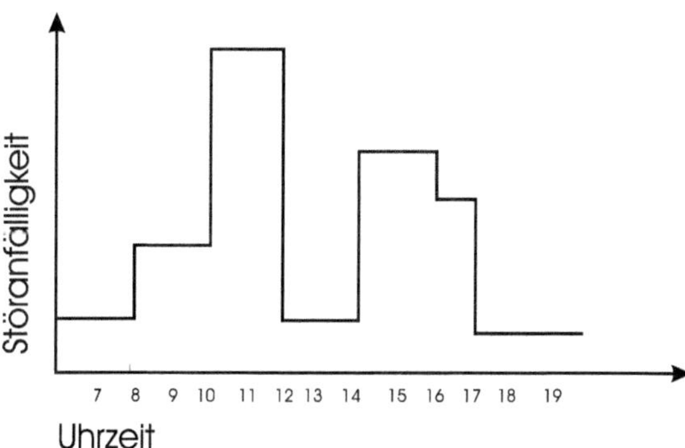

Beginnen Sie einen Tag mit einer A-Aufgabe!

A und B Aufgaben mache ich möglichst in störungsarmen Zeiten zwischen 8–10 Uhr und 14:30–17:00 Uhr, da bei einer Tageszeit zwischen 10 und 12 Uhr die Störanfälligkeit sehr hoch ist und der Sägeblatteffekt eintritt.

Der Sägeblatt-Effekt:

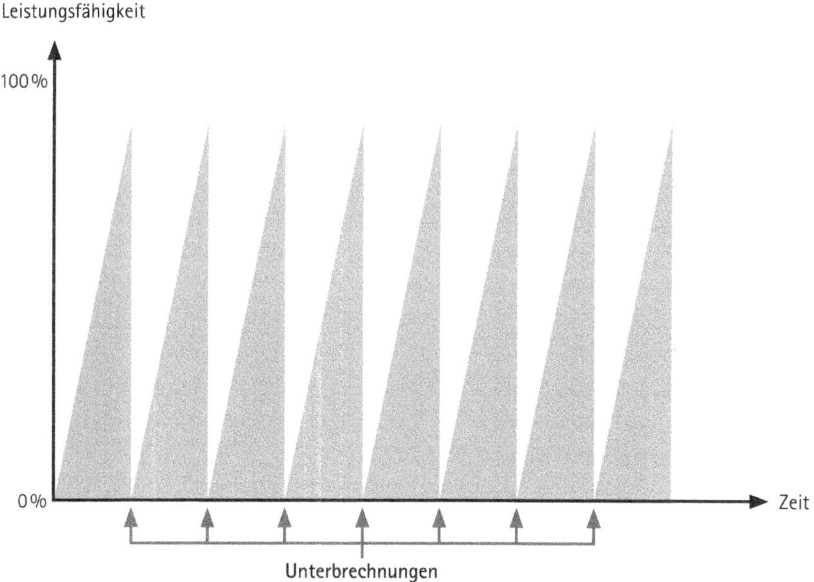

C-Aufgaben erledige ich zwischen 10–12 Uhr und nach dem Mittagessen bis 14:30 Uhr

Merke: Mailbearbeitung immer zwischen 10–12 Uhr, nach dem Mittagessen und bevor Sie die Arbeit für den Tag beenden. Fangen Sie mit der Mailbearbeitung nicht sofort in der Früh an, wenn Sie die Arbeit beginnen, da Sie sofort eine Schaufel Sand in Ihren Eimer schütten würden. Natürlich können Sie kurz in Ihren Mailordner schauen, ob was Wichtiges gekommen ist, aber bearbeiten Sie die Mails erst ab 10 Uhr. Sollten Sie sich nicht sicher sein, ob diese Statistik auch bei Ihnen gültig ist, dann beobachten und notieren Sie Ihre Störungen innerhalb eines Zeitraums von zwei Wochen und richten Sie Ihre Tagesplanung nach diesen Zeiten aus.
Es ist sinnvoll sich Termine eher in die späten Vormittagsstunden zu legen, um die wertvolle Zeit in der Früh nicht zu verschenken.

8. Beschränken und blocken Sie Ihre Termine!
   Um die Rüstzeiten für Besprechungen und Termine außer Haus zu begrenzen, empfiehlt es sich, Termine sinnvoll miteinander zu verknüpfen, zu verschieben oder zusätzlich einzuplanen (Fahrtenmanagement). Laden Sie auch öfter zu Meetings ins eigene Unternehmen ein, um Zeit zu sparen. Generell sollten Sie die Anzahl Ihrer Termine pro Tag beschränken, um diese vor- und nachbereiten zu können und die Konzentration für den einzelnen Termin aufrechtzuerhalten.
9. Bilden Sie Arbeitsblöcke!
   Bilden Sie möglichst Arbeitsblöcke mit ähnlichen Aufgaben. Je mehr Sie zwischen völlig verschiedenen Arbeiten wechseln, desto höher sind die Rüstzeiten für die jeweilige Einarbeitung. Dies gilt insbesondere auch für die C-Aufgaben, den Kleinkram, der Ihre Zeit frisst. Ein wichtiger Arbeitsblock ist der E-Mail-Leseblock. Sie sparen viel Zeit, wenn Sie nicht ständig auf eingehende E-Mails achten und diese nicht immer gleich beantworten.
10. Kontrollieren Sie Ihre Tagesplanung!
   Am Ende des Arbeitstages überprüfen Sie die Aufgaben auf Ihrem Tagesplan. Im Idealfall haben Sie bereits alle Aufgaben als erledigt durchgestrichen und damit Ihre Tagesplanung bestmöglich erfüllt. Die erledigten Aufgaben streichen Sie dann auf Ihrer To-do-Liste durch und erstellen den Tagesplan für den nächsten Tag.
   Kontrolle ohne vorherige Planung geht nicht, Planung ohne Kontrolle ist sinnlos. Die Tagesinventur soll Ihnen ein positives Gefühl geben, was Sie

alles erledigt haben. Sie soll Sie zum Nachdenken bringen, an was es gelegen hat, wenn es nicht so gut gelaufen ist.

Fazit:
Die Tagesplanung ist die kleinste Planungseinheit im Zeitmanagement. Der Vorteil bei einer missglückten Tagesplanung: Sie können am nächsten Tag eine neue Tagesplanung entwickeln. Wer die Tagesplanung jedoch nicht in den Griff bekommt, schafft auch meist seine Jahresziele nicht.

11. Zeitplansysteme

Die modernen Sklaven werden nicht mit der Peitsche, sondern mit Terminkalendern angetrieben.
(Telly Savalas)

Ihr Kalender kann lediglich Ihrer Terminverwaltung dienen oder auch noch weitere Funktionen wie Adressverwaltung, Notizerfassung oder Internetzugang umfassen. Die einen schwören auf traditionelle Kalender in Papierform, andere auf elektronische Hightechgeräte.

	Manuelle Zeitplansysteme	Elektronische Zeitplansysteme
Vorteile	Keine Batterien, kein technischer Defekt Keine Bedienfehler (Löschen...) Keine Einarbeitungszeit Lautloses Mitschreiben Höhere Individualität Emotionaler durch Handschrift, Schriftgröße, Farben... Aktuelle Infos, Notizen können beigefügt werden Das Eintragen geht schneller Oft bessere Übersicht	Großer Speicher (Organisation riesiger Datenmengen...) Zusatzinfos können abgespeichert werden Synchronisierung mit PC-Terminkalendern Kein Datenverlust (Sicherungskopie) Verschiedene Personen können darauf zugreifen
Nachteile	Eingeschränkte Kapazität, z.B. Adressen, Telefonnummern Gefahr des Verlierens, Datenverlust Keine Suchfunktion Eintragungen schlecht auszubessern, wenn man mit Kuli schreibt Format häufig unhandlich	Anfangs Bedienung oft kompliziert, teilweise umständlich Individuelle Ergänzungen, Hervorhebungen, Markierungen nicht möglich Das parallele Vergleichen von Eintragungen ist schwierig Ein leerer Akku zwingt zur Auszeit

Beide Varianten haben Vor- und Nachteile. Entscheidend ist, dass der Kalender oder das Smartphone zu Ihnen und Ihrer Tätigkeit passt und dass Sie gerne damit umgehen. Verwenden Sie das System, das Ihnen am Herzen liegt und probieren Sie durchaus verschiedene Systeme aus. Wenn Sie sich für ein Zeitplansystem entscheiden, sollten Sie es durchgängig und dauerhaft verwenden und immer bei sich tragen, sonst nützt es wenig. Es sollte außerdem einfach zu bedienen sein, damit Sie nicht schnell die Freude daran verlieren. Unhandliche Zeitplanbücher mit dutzenden von Funktionen und Möglichkeiten, wie sie noch vor Jahren angepriesen wurden, sind daran gescheitert.

Die Funktionsvielfalt spricht inzwischen immer mehr für intelligente elektronische Organizer und Smartphones. Auch der Vorteil der Synchronisierung verschiedener elektronischer Geräte und der einfache Zugriff mehrerer Personen auf Ihre Daten sprechen für eine weitere Verbreitung dieser Systeme in Zukunft. Smartphones & Co. sind aber nicht nur Kalender und Planungssystem, sondern vor allem ein Kommunikationsinstrument. Allerdings hat die Möglichkeit, ständig E-Mails abrufen und versenden zu können, für manche Nutzer Suchtcharakter. Die dauerhafte Verfügbarkeit trägt nicht unbedingt zu Ihrer Entspannung bei. Schalten Sie daher das Gerät hin und wieder ab, um selbst abschalten zu können. Letztendlich entscheiden Sie allein, welches System nach allem Für und Wider am besten zu Ihnen passt, und das sollten Sie verwenden.

12. Rhythmus

Verbringe nicht die Zeit mit der Suche nach einem Hindernis. Vielleicht ist keines da.
(Franz Kafka)

Sind Sie eine Lerche oder eine Eule? Lerchen sind frühmorgens fit und starten mit voller Energie in den Tag. „Morgenstund' hat Gold im Mund", ist ihre Devise. Eulen dagegen brauchen ihre Anlaufzeit und werden erst im Laufe des Tages zunehmend munterer. Eulen sind geborene Nachtmenschen und können produktive Nachtschichten leisten.

Jeder Mensch hat seinen persönlichen Biorhythmus. Sie sollten ihn, soweit möglich, bei der Planung Ihrer Tagesaufgaben beachten. Fakt ist, wenn eine Eule keine Tagesplanung hat, dann braucht sie noch viel länger, um ins Zwitschern zu kommen. Es gibt nicht den einzig richtigen Rhythmus, auch wenn nicht jeder Rhythmus optimal zu jeder Aufgabe passt. Selbst wenn Sie weder Ihren Biorhythmus noch Ihre Arbeitsanforderungen und Ihre Arbeitszeit wesentlich beeinflussen können, so sollten Sie dennoch versuchen, mit Ihrem Rhythmus zu arbeiten. Achten Sie auch auf die Störungen im Tagesablauf Ihrer Arbeit sowie auf die Rhythmen Ihrer Kollegen.

Leistungskurve

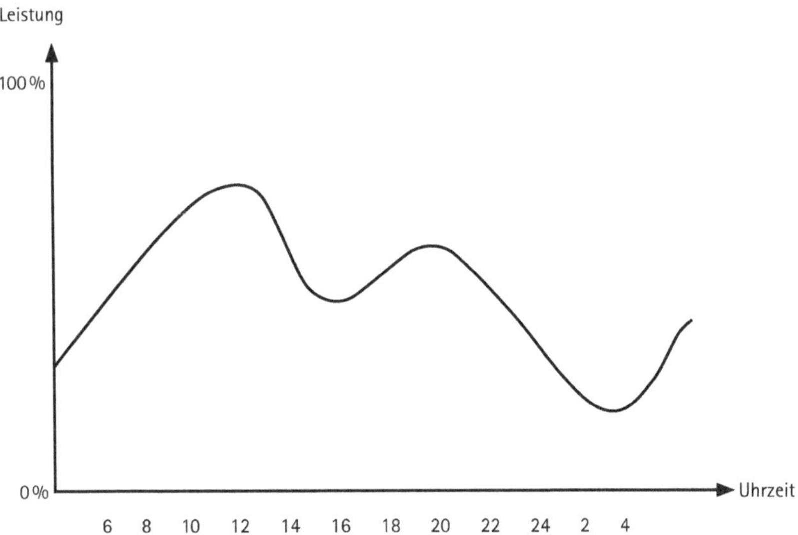

Die Schwankungen von Hoch und Tief im Biorhythmus sind bei fast allen Menschen ähnlich. Praktisch Jeder hat im Laufe eines Tages zwei Hochphasen und der absolute Tiefpunkt ist bei den meisten Menschen nachts gegen ca. drei Uhr. Unterschiede zwischen Lerchen und Eulen bestehen hinsichtlich der Positionierung der Phasen auf der Zeitachse. Die übliche Büroarbeitszeit zwischen acht und 17 Uhr ist eher für Lerchen geeignet, da Eulen Ihr erstes Hoch oftmals erst gegen 11 Uhr erreichen. Sie wissen selbst meist sehr genau, welcher Zeittyp Sie sind und wann Ihnen Arbeiten besonders schnell von der Hand gehen. Ebenso kennen Sie die Störzeiten in Ihrem Beruf meist sehr genau. Falls nicht, notieren Sie eine Woche lang Ihre Stärke- und Schwächephasen sowie die Störungen im Alltag. Legen Sie die Kurven Ihres Biorhythmus‘ und Ihrer Störungen übereinander und Sie erkennen schnell Ihre *guten und schlechten* Zeiten.

Hier nun einige Tipps, wie Sie besser mit Ihrem Rhythmus arbeiten können. Arbeiten im eigenen Rhythmus bedeutet mehr Leistung in weniger Zeit und ist damit aktives Zeitmanagement.

1. Analysieren Sie Ihre individuelle Leistungskurve.
2. Analysieren Sie Ihre Störkurve in Ihrem Arbeitsgebiet.

3. Nutzen Sie Hochphasen für A- und B-Aufgaben und planen Sie in diesen Zeiten Ihre Eigentermine ein.
4. Nehmen Sie sich eine stille Stunde ohne Störungen im ersten Leistungshoch.
5. Verwenden Sie die Hauptstörzeiten und Ihre Tiefs für C-Aufgaben, die Sie trotz Störungen und verringerter Konzentration erledigen können.
6. Nutzen Sie das Suppenkoma (die Tiefphase nach dem Mittagessen) für C-Aufgaben. Auch Besprechungen, die nicht Ihre volle Konzentration erfordern, eignen sich für solche Phasen.
7. Arbeiten Sie in Ihren Biorhythmus hinein. Legen Sie wichtige Aufgaben in den aufsteigenden Verlauf Ihrer Leistungskurve, unwichtige Aufgaben eher in den absteigenden Verlauf.
8. Nutzen Sie Gleitzeiten aus. Lerchen beginnen den Arbeitstag möglichst früh, Eulen möglichst spät, um die Hochs Ihrer Leistungskurve optimal auszunutzen. Machen Sie nicht genau dann Feierabend, wenn Sie gerade wieder fit werden.
9. Versuchen Sie Ihren optimalen Arbeitsrhythmus beizubehalten und verkünden Sie diesen öffentlich. Wenn Kollegen oder Kunden Ihren Rhythmus kennen, können sie diesen auch berücksichtigen.
10. Stimmen Sie Ihren Rhythmus mit den Rhythmen Ihrer Kollegen ab, wenn Sie in einem Team arbeiten. Vertreten Sie sich gegenseitig zu bestimmten Zeiten.

Pausen

Nicht nur in der Musik kommt es auf Pausen an. Auch im Arbeitsalltag sind bewusste Pausen leistungsfördernd; wer auf sie verzichtet, nimmt sie unbewusst trotzdem, indem er immer wieder durchhängt. Folgende Abbildung zeigt den Grad der Konzentration im Laufe einer Stunde:

Nach ca. 60 Minuten wird eine Pause empfohlen. Sinnvollerweise sollten Sie regelmäßig Pausen nach abgeschlossenen Aufgaben oder Teilaufgaben einlegen, ob nach 60 oder 80 Minuten ist dabei nicht entscheidend und hängt von Ihrer individuellen Fitness ab. Pausen müssen nicht lang, sondern effektiv sein. Fünf Minuten reichen oft aus. Die Mittagspause sollte natürlich länger ausfallen!

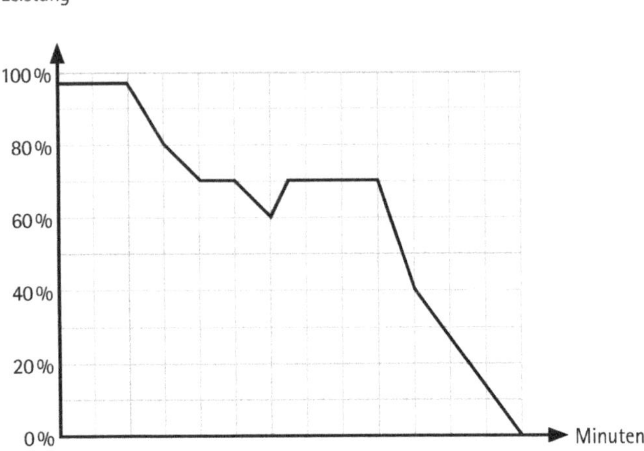

Ein paar Aspekte, die Sie bei Pausen beachten sollten:

- Pausen sind zweckfrei und sollten nicht für andere Erledigungen genutzt werden (Telefonate etc.).
- Pausen sollten fern des Arbeitsplatzes stattfinden, um Abstand zu gewinnen.
- Bei sitzenden Tätigkeiten sollten Pausen mit Bewegung verbunden sein. Sie müssen nicht gleich Büroyoga durchführen (kein Pausenstress!), es reicht, wenn Sie ein paar Schritte um den Block oder durch das Unternehmen laufen.
- Individuelle Pausen sollten Sie möglichst allein und nicht im Gespräch mit Kollegen verbringen. Dadurch halten Sie Ihre Kollegen nicht von deren Arbeit ab und können von Problemdiskussionen oder Büroklatsch abschalten.

Pausen machen ist ganz einfach – Sie müssen sie nur machen. Damit Sie auch wirklich an Ihre Pause denken, können Sie sich eine Erinnerung im Handy, oder im PC setzen. Wenn Ihre Leistung nachlässt, ist dies meist ebenfalls ein Signal für eine Pause.

Exkurs: Zeitmanagement und Stress*bewältigung*

Die wirklich Reichen in unserer hektischen Welt sind die Leute, die Geld und Zeit haben.
(Rudolf Hagelstange)

Was hat Zeitmanagement mit Stressbewältigung zu tun oder ist es sogar dasselbe? Stressbewältigung beschäftigt sich mit der Vermeidung und dem Abbau von Stress. Ursache von Stress ist jedoch häufig ein fehlendes Zeitmanagement und deshalb sollten wir uns hier kurz mit diesem Thema beschäftigen. Allgemein lässt sich sagen, wer ein gutes Zeitmanagement hat, vermindert den Stress aus Zeitdruck. Zeitmanagement reduziert Stress! Umgekehrt gilt jedoch nicht, dass derjenige, der mit Stress umgehen kann, bereits ein guter Zeitmanager ist. Dennoch ist Stressbewältigung eine wichtige Basis für Zeitmanagement, denn Stress blockiert gutes Zeitmanagement. Menschen, die unter Stress stehen, haben häufig Probleme, die richtigen Prioritäten zu setzen und effizient zu handeln; blinder Aktionismus statt bewusstes Zeitmanagement ist oft die Folge.

Manche Menschen behaupten, dass Sie erst unter Stress richtig gut arbeiten können. Hierbei wird jedoch meist Stress mit Zeitdruck verwechselt. Menschen, die unter Zeitdruck erfolgreich arbeiten, sind eher stressresistent, ansonsten wären sie in solchen Situationen nicht erfolgreich. Sie entwickeln erst unter Zeitdruck ein gutes Zeitmanagement. Wenn es *brennt*, machen Sie automatisch alles richtig und befolgen die SKE-Regel. Sie konzentrieren sich auf das Wesentliche, da für das Unwesentliche keine Zeit bleibt. Sie setzen gezielt ihre individuellen Stärken ein und sie handeln einfach und pragmatisch, um noch rechtzeitig die benötigten Ergebnisse zu liefern.

Falls Sie zu diesen Menschen gehören, dann haben Sie bereits alle Anlagen, um ein erfolgreicher Zeitmanager zu sein. Sie könnten auch ohne Zeitdruck in der gleichen Weise handeln, Sie kommen nur nicht ins Handeln. Versuchen Sie daher sich selbst künstlich Zeitdruck zu schaffen, indem Sie sich enge Termine setzen und Zeiträume unrealistisch verknappen. Bitten Sie auch Ihr Umfeld darum, Ihnen knappe Deadlines zu setzen. Wenn Sie es schaffen, Ihr volles Zeitmanagement-Potential gleich zu Beginn einer Frist zu realisieren, können Sie in der verbleibenden Zeit noch weitere Aufgaben meistern. Andernfalls vertrödeln Sie anfangs die Zeit und laufen erst zum Ende zu Hochform auf.

In der Stressforschung wird zwischen positivem Stress (Eustress) und negativem Stress (Distress) unterschieden. Wir brauchen positiven Stress, um die nötige Konzentration und Aufmerksamkeit für komplexe Tätigkeiten zu entwickeln und uns für neue Herausforderungen zu motivieren. Spannung und etwas Lampenfieber sind Voraussetzungen für produktive Leistungen. Der negative Stress, der im Folgenden gemeint ist, kann dagegen zu Niedergeschlagenheit, Unlust, Frust, Depression oder Burnout führen. „Die zwölf Stufen zum Burnout" verdeutlichen den Zusammenhang von Stress und Zeitmanagement.

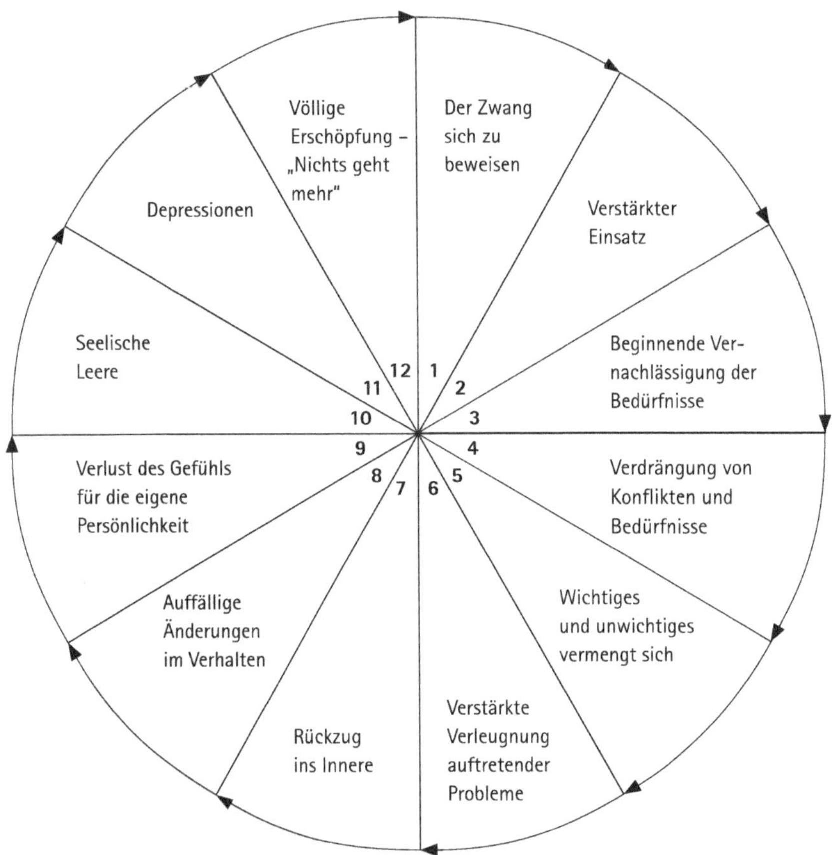

Im Grunde sind nur die ersten beiden Stufen positiv zu sehen. Ab Stufe drei ist die Life-Balance gefährdet, ab Stufe fünf werden Prioritäten falsch gesetzt und ab Stufe sieben ist bereits medizinische oder psychologische Hilfe nötig. Mit bewusster Zeitplanung, mit der SKE-Regel und der Entwicklung einer persönlichen Life-Balance können Sie diesen Teufelskreis frühzeitig stoppen.

Eindeutige Parallelen zwischen Stressmanagement und Zeitmanagement zeigt auch folgende Abbildung:

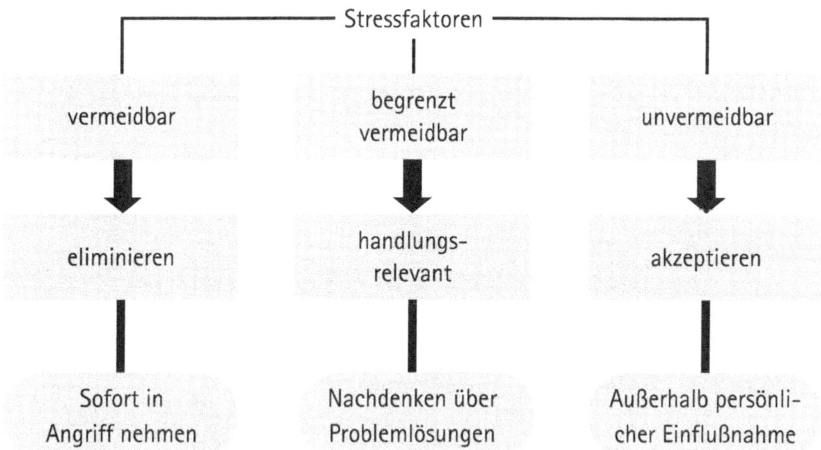

Analog zum Stress werden Zeitprobleme häufig durch externe Einflüsse ausgelöst und beeinflusst. Es gibt interne und externe Stressfaktoren ebenso wie interne und externe Zeiträuber. Vermeidbar sind vor allem die internen Faktoren, da diese von Ihnen selbst verursacht werden. Aber auch viele externe Störfaktoren lassen sich reduzieren, wenn Sie handeln. Daneben gibt es Stressfaktoren, die Sie nur bedingt beeinflussen können, weil Sie durch andere Menschen und durch bestimmte Rahmenbedingungen ausgelöst werden. Hier gilt es, über neue Problemlösungen nachzudenken. In Unternehmen können dies veränderte Organisationsstrukturen, eine andere personelle Zusammenstellung von Teams oder veränderte Stellenbeschreibungen sein. Dies sind wichtige Faktoren, die Stress und Zeitprobleme deutlich vermindern können. Schließlich gibt es leider auch unvermeidbare Stressfaktoren, ebenso wie es unvermeidbare Zeiträuber gibt; häufig sind beide identisch. Unvermeidbar heißt, dass Sie an bestimmten Strukturen oder personellen Gegebenheiten nichts ändern können, weil Sie nicht die Macht oder die Fähigkeiten dazu haben. Diese sollten Sie akzeptieren oder aussteigen, gemäß dem Motto: „Change it, love it or leave it".

Wenn Sie glauben Andere sind an Ihrem Stress oder an Ihren Zeitproblemen schuld, dann bedenken Sie, dass Sie Andere nur bedingt verändern können, so wie Sie sich selbst nur bedingt von Anderen verändern lassen. Überlegen Sie stattdessen zuerst, wie Sie sich verändern können, um mit neuen Wegen auf schwierige Situationen zu reagieren. Sie können an Ihrem Stressempfinden nur dann was verändern, wenn Sie die volle Verantwortung dafür übernehmen.

Hören Sie auf sich zu viel Druck zu machen! Setzen Sie sich selbst und anderen bewusst Grenzen.

Weniger ist meist mehr, auch in der Freizeit!

Erkennen Sie, dass Sie auch nur ein Mensch sind und nicht Gott, der alles schaffen kann.

Wenn Sie glauben, dass alles immer sofort machbar ist, dann sind Sie schon mit dem ersten Schritt in Richtung Burnout unterwegs.

Ablauf einer Stresssituation

Situation
Stressor

Kognitiv
Gedanken, innerer
Dialog
Bewertung

Gefühle, Emotionen,
Ärger, Wut,
Enttäuschung, Ohnmachtsgefühle

Körperliche, hormonelle Reaktion,
Puls, Blutdruck, Muskelspannung, Atemfrequenz,
Blutgerinnung
steigt
Verdauung, Immunkompetenz, Sexualfunktion
sinkt

Verhalten
Verlust von Überblick, Vergesslichkeit, Organisationsproblem,
Koordinationsproblem, gereizt gegenüber anderen,
hastiges Arbeiten, fehlende Pausen, nebenbei essen,
Unflexibilität

Stress ist auf Dauer schädlich für den Körper, die Seele und den Geist.

Versuchen Sie in schwierigen Situationen positiv zu bleiben und die Situation eher als Herausforderung zu sehen, an der Sie wachsen und die Sie bewältigen können.

Innere Antreiber, oder auch Stressoren, verhindern oft, gelassen reagieren zu können.

In folgendem Stresstest können Sie Ihren Antreibern auf die Spur kommen und mit ihnen arbeiten.

Im nachfolgenden Test können Sie herausfinden, welche inneren Antreiber bei Ihnen am stärksten wirken und Sie in Stress geraten lassen.

Beantworten Sie bitte die Aussagen mit Hilfe untenstehender Bewertungsskala, so wie Sie sich im Moment selber sehen. Schreiben Sie den entsprechenden Zahlenwert hinter die Aussagen.

Die Aussage trifft auf mich zu:

voll und ganz = 5 gut = 4 etwas = 3 kaum = 2 gar nicht = 1

STRESSORENTEST

1. Wann immer ich eine Arbeit mache, dann mache ich sie gründlich.
2. Ich fühle mich verantwortlich, dass diejenigen, die mit mir zu tun haben, sich wohlfühlen.
3. Ich bin ständig auf Trab.
4. Anderen gegenüber zeige ich meine Schwächen nicht gerne.
5. Wenn ich raste, dann roste ich.
6. Häufig gebrauche ich den Satz: „Es ist schwierig, etwas so genau zu sagen."
7. Ich sage oft mehr, als eigentlich nötig wäre.
8. Ich habe Mühe, Leute, die nicht genau sind, zu akzeptieren.
9. Es fällt mir schwer, Gefühle zu zeigen.
10. Nur nicht locker lassen ist meine Devise.
11. Wenn ich eine Meinung äußere, begründe ich sie auch.
12. Wenn ich einen Wunsch habe, erfülle ich ihn mir schnell.
13. Ich liefere einen Bericht erst ab, wenn ich ihn mehrere Male überarbeitet habe.
14. Leute, die „herumtrödeln", regen mich auf.
15. Es ist für mich wichtig, von anderen akzeptiert zu werden.
16. Ich habe eher eine harte Schale, aber einen weichen Kern.
17. Ich versuche oft herauszufinden, was andere von mir erwarten, um mich danach zu richten.
18. Leute, die unbekümmert in den Tag hineinleben, kann ich nur schwer verstehen.
19. Bei Diskussionen unterbreche ich die anderen oft.

20. Ich löse meine Probleme selber.
21. Aufgaben erledige ich möglichst rasch.
22. Im Umgang mit anderen halte ich Distanz.
23. Ich sollte viele Aufgaben noch besser erledigen.
24. Ich kümmere mich persönlich auch um nebensächliche Details.
25. Erfolge fallen nicht vom Himmel. Ich muss sie hart erarbeiten.
26. Für dumme Fehler habe ich wenig Verständnis.
27. Ich schätze es, wenn andere auf meine Fragen rasch und bündig antworten.
28. Es ist mir wichtig, von anderen zu erfahren, ob ich meine Sache gut gemacht habe.
29. Wenn ich eine Aufgabe begonnen habe, führe ich sie auch zu Ende.
30. Ich stelle meine Wünsche und Bedürfnisse zugunsten von anderen Personen zurück.
31. Ich bin anderen gegenüber oft hart, um von anderen nicht verletzt zu werden.
32. Ich klopfe oft ungeduldig mit meinen Fingern auf den Tisch.
33. Beim Erklären von Sachverhalten verwende ich gerne die Redewendung: „Erstens..., 2. zweitens..., drittens...“
34. Ich glaube, dass die meisten Dinge nicht so einfach sind, wie viele meinen.
35. Es ist mir unangenehm, andere Leute zu kritisieren.
36. Bei Diskussionen nicke ich häufig mit dem Kopf.
37. Ich strenge mich an, meine Ziele zu erreichen.
38. Mein Gesichtsausdruck ist eher ernst.
39. Ich bin nervös.
40. So schnell kann mich nichts erschüttern.
41. Meine Probleme gehen die anderen nichts an.
42. Ich sage oft: „Macht mal vorwärts.“
43. Ich sage oft: „Genau“ , „exakt“, „klar“, „logisch“.
44. Ich sage oft: „Das verstehe ich nicht.“
45. Ich sage eher: „Könnten Sie es nicht einmal versuchen?“ statt: „Versuchen Sie es einmal“.

46. Ich bin diplomatisch.
47. Ich versuche, die an mich gestellten Erwartungen zu übertreffen.
48. Beim Telefonieren bearbeite ich nebenbei oft noch Akten.
49. „Auf die Zähne beißen“ heißt meine Devise.
50. Trotz enormer Anstrengung will mir vieles einfach nicht gelingen

Auswertungsschlüssel zum Stress-Test

Übertragen Sie Ihre persönliche Bewertung in diesen Auswertungsbogen. Berechnen Sie pro Zeile die Summe und schraffieren Sie auf dem Auswertungsbogen den entsprechenden Bereich:

„Sei perfekt“

Frage Nr.:

1	8	11	13	23	24	33	38	43	47	total:
…	…	…	…	…	…	…	…	…	…	…

„Mach schnell“

Frage Nr.:

3	12	14	19	21	27	32	39	42	48	total:
…	…	…	…	…	…	…	…	…	…	…

„Streng Dich an“

Frage Nr.:

5	6	10	18	25	29	34	37	44	50	total:
…	…	…	…	…	…	…	…	…	…	…

„Mach es allen recht“

Frage Nr.:

2	7	15	17	28	30	35	36	45	46	total:
…	…	…	…	…	…	…	…	…	…	…

„Sei stark“

Frage Nr.:

4	9	16	20	22	26	31	40	41	49	total:
…	…	…	…	…	…	…	…	…	…	…

Auswertungsbogen

40					
38					
36					
34					
32					
30					
28					
26					
24					
22					
20					
18					
16					
14					
12					
10					
8					
6					
4					
2					
0					
	Sei perfekt	Mach schnell	Streng Dich an	Mach es allen recht	Sei stark

Zeichnen Sie sich zu den einzelnen Antreibern ein Balkendiagramm auf den Auswertungsbogen. Die Antreiber, die bei Ihnen am höchsten ausfallen, und jeder Antreiber, der höher ist als 30 Punkte, beeinflussen Sie am meisten.

Antreiber-Dynamiken
sind Verhaltensmuster, die gewohnheitsmäßig aktiviert werden!

Von den Antreibern lassen wir uns meistens dann „treiben“, wenn wir uns in schwierigen Situationen, unter Stress oder nicht „o. k.“ fühlen. Es sind Automatismen, die unbewusst aktiviert werden. Es sind verinnerlichte Anweisungen (aus der Erziehung, Sozialisation etc.), deren Grundbotschaft lautet:

Ich bin nur o. k., wenn ich ...

Die Forderung bleibt letztlich unerfüllbar, das Verhalten dadurch uneffektiv. Denn ich kann nicht effektiv auf die jeweilige Situation reagieren, sondern verhalte mich wie ein Automat oder der Pawlow'sche Hund. Ich verhalte mich entsprechend der „Antreiber-Welt“, mit vielen Einschränkungen.

Antreiber „Vorteil“ „Nachteil“

Sei perfekt!

Vorteil:
akkurat, gut organisiert, plant im Voraus
Nachteil:
fehlende Priorität, keine Entwürfe, Vorschläge werden als negative Kritik aufgefasst

Mach schnell!

Vorteil:
erledigt viel
Nachteil:
macht Fehler

Gib alles! / Streng Dich an!

Vorteil:
Initiative, Interesse, Enthusiasmus
Nachteil:
ausufernd, keine Priorität, nicht abschließen können

Mach es allen recht! / Sei lieb zu allen!

Vorteil:
gutes Teammitglied, gute Intuition für zwischenmenschliche Beziehungen
Nachteil:
grenzt sich nicht ab, entwickelt keinen eigenen Standpunkt

Sei stark!

Vorteil:
Ruhe in Krisen
Nachteil:
fragt nicht nach Hilfe

„Erlaubnishaltungen" für die Antreiber

Eine effektive Möglichkeit, aus dem Antreiber-Verhalten herauszukommen, besteht darin, mit „Erlaubern" das Getriebensein zu deeskalieren, um dann freier und angemessen auf die schwierigen Situationen reagieren zu können.

Das bedeutet, wenn Sie merken, dass Sie durch einen „Antreibersatz" in Stress geraten, können Sie sich einen der unten stehenden, auflösenden Sätze sagen und dadurch die positiven Aspekte bewusster einsetzen!

Sei perfekt!

Ich darf sorgfältig sein.
Es kann vorkommen, dass ich einen Fehler mache, dann lerne ich daraus.
Ich darf ich selber sein.

Beeil Dich! (Mach alles sofort und schnell!)

Ich darf mir Zeit und Raum lassen.
Ich darf es in meinem Tempo, meinem Rhythmus tun/lassen.

Gib alles! (Streng Dich an! = über deine Kraft)

Ich darf es nach meinen Kräften tun/lassen.
Ich darf Prioritäten setzen.
Ich darf Erfolg haben – und ihn genießen.

Mach es allen recht! (Sei lieb zu allen!)

Ich darf es so tun/lassen, wie es mir – und anderen – entspricht.
Ich darf eigene Maßstäbe und Konturen zeigen.

Sei stark! (Zeig keine Gefühle!)

Ich darf meine Empfindungen und Gefühle spüren und leben.
Ich darf um Hilfe fragen.

Ich darf offen sein und vertrauen.

Folgende Abbildung gibt Ihnen einen Überblick über grundlegende Stress-Bewältigungsstrategien.

Erhöhen der Stresstoleranz	**Überprüfen des persönlichen Wertesystems**	**Verbesserung des persönlichen Arbeitsverhalten**	**Handlungs-Unterbrechungs-Strategien**	**Entspannungs-training**
• Sich einer Stresssituation stellen • Sich mit einer Stressbelastung aktiv auseinandersetzen • Stresssituationen trainieren • Psychische und physische Reserven aufbauen • Eine gezielte Verringerung der individuellen Sensibilität erreichen	• Überprüfen der eigenen Ziele und Normen • Zurücknehmen übersteigerter Leistungsorientierung • Nur Aufgaben übernehmen, die den persönlichen Voraussetzungen voll entsprechen • Kompetenzmangel durch ständige Lernprozesse ausschalten • Lernen, die eigenen Grenzen zu erkennen und zu akzeptieren	• Sich realistische Ziele setzen • Selbstbestimmte Ziele verwirklichen • Optimale Selbstorganisation • Prioritäten setzen • Ergebnisorientiert arbeiten und nicht imDetail verweilen	• Generelle Unterbrechungshilfen: · *ich lebe mein Leben* · *ich halte durch* · *ich erreiche mein Ziel* • Flucht-Typen: · *Nur Mut, es geht gut* · *Leben macht Freude* • Angriffs-Typen · *Ich bleibe ganz ruhig* · *Ich bin geduldig*	• Progressive Muskelan- und -entspannung • Wahrnehmung muskulärer Verspannung verbessern • Wirklichkeitsnahe und kritische Stresssituationen intensiv vorstellen • Persönliche Entspannungs-Probleme beseitigen • Entspannungs-training

Im Hinblick auf Ihr Zeitmanagement möchten wir nur einzelne Aspekte ansprechen. *Erhöhen der Stresstoleranz* ist eine logische Konsequenz des steigenden Stresses und eine Möglichkeit, Stress gar nicht entstehen zu lassen. Ein Mittel dazu ist es, psychische und physische Reserven aufzubauen. Ausreichend Zeitpuffer in der Tagesplanung oder eine geringere Perfektion bei der Leistungserbringung sind Wege, Ihre Stresstoleranz zu erhöhen. Weniger Perfektionsstreben trägt ebenfalls zur Verringerung der individuellen Sensibilität bei.

Das *Überprüfen des persönlichen Wertesystems* als Stress-Bewältigungsstrategie bedeutet unter anderem, dass Sie sich realistische, statt utopische Ziele setzen, dass Sie sich auf eigene Stärken konzentrieren und erkennen, dass Sie nicht alles selbst erledigen können; kurzum, alles Elemente des Zeitmanagements.

Die Spalte *Stressbewältigung durch besseres persönliches Arbeitsverhalten* beinhaltet nichts anderes als die Anwendung von Methoden eines professionellen Zeitmanagements.

Wichtig für die Stressvermeidung und -reduzierung ist auch die gezielte *Entspannung* und das bewusste Anzapfen von Energiequellen:

- Suchen Sie nach Energiequellen, die Sie täglich anzapfen können (Musik hören, Spazieren gehen...).
- Suchen Sie nach Energiequellen, die sich ohne Aufwand und Rüstzeiten und praktisch überall anzapfen lassen (Musik hören, Spazieren gehen...).
- Suchen Sie nach Energiequellen, die zu Ihnen passen und nicht solche, zu denen Andere Ihnen raten.
- Aus der Glücksforschung ist bekannt, dass viele kleine Belohnungen glücklicher machen als eine große. Dies gilt ebenso für Energiequellen. Belohnen Sie sich täglich mit schönen und entspannenden Momenten. Sie sollten Ihre Energiequellen genau kennen, um sie nutzen zu können. Ebenso sollten Sie aber auch Ihre Energieräuber kennen, um sie zu vermeiden. Setzen Sie sich mit beiden schriftlich auseinander:

Meine Energiequellen	Meine Energieräuber
•	•
•	•
•	•

Teil III - Zeiträuber

Der eine wartet, dass die Zeit sich wandelt, der andere packt sie kräftig an und handelt.
(Dante Alighieri)

Bei der Zeitplanung legen Sie fest, wie Sie die verfügbare Zeit nutzen, um Ihre Ziele zu erreichen. Zeitplanung ist immer aktiv! Wenn nichts dazwischenkommt und Sie sich an Ihre eigene Planung halten, ist die Wahrscheinlichkeit sicher hoch, dass Sie Ihre Ziele tatsächlich erreichen. In der Realität kommt jedoch fast immer etwas dazwischen und davon handelt das folgende Kapitel. Die Rede ist von Zeiträubern, die Ihnen die Zeit stehlen und damit Ihre Zeitplanung durcheinanderbringen. Zeitplanung und Zeiträuber stehen in einer wechselseitigen Beziehung. Je besser Sie Ihre Zeiträuber in Griff bekommen, desto erfolgreicher ist Ihre Zeitplanung und je besser Sie im Rahmen Ihrer Zeitplanung bereits ausreichend Pufferzeiten für Zeiträuber einplanen, desto weniger Schaden können diese anrichten. Zeitplanung ist aktiv, der Kampf mit den Zeiträubern reaktiv. Zeiträuber werden nicht geplant, sie kommen ungeplant und vor allem immer ungelegen. Zeiträuber haben die Tendenz sich auszudehnen und müssen daher frühzeitig im Keim erstickt werden. Wenn öfters vom Kampf gegen Zeiträuber die Rede ist, dann soll damit verdeutlicht werden, dass Sie mit Zeiträubern nicht nachsichtig umgehen sollten, sondern sie zielstrebig und gnadenlos bekämpfen.

Sie werden nie alle Zeiträuber für immer verbannen können. Dafür gibt es zu viele und es tauchen immer wieder neue, unbekannte Zeiträuber auf. Entscheidend ist, dass Sie vor allem die großen Zeiträuber zeitlich in den Griff bekommen und gleichzeitig in der eigenen Zeitplanung genügend Puffer einbauen, so dass diese Zeiträuber Ihre Planungen nicht durcheinanderbringen. Auch hier gilt der Grundsatz: Das Wichtigste zuerst! Es sind jedoch nicht nur andere Menschen, hinderliche Umstände, falsche Abläufe und sonstige externe Widrigkeiten, die Ihnen die Zeit rauben, nach dem Motto: „Ich würde ja gerne, aber…“. Es gibt auch eine Vielzahl von Zeiträubern, die Sie selbst verursacht und über lange Zeit gezüchtet und großgezogen haben. Für diese *internen Zeiträuber* sind Sie allein verantwortlich und nur Sie selbst können Sie unterbinden.

Folgende Übersicht zeigt Ihnen zahlreiche interne und externe Zeiträuber. Die Liste lässt sich sicherlich noch verlängern und Sie können selbst Ihre persönliche Liste interner und externer Zeiträuber anfertigen. Die häufigsten und *zeitraubendsten* Zeiträuber im Büroalltag möchten wir nun näher ansprechen. Ziel ist es, Ihnen praktische Instrumente und Tipps an die Hand zu geben, wie Sie die einzelnen Zeiträuber besser in den Griff bekommen. Diese Tipps sind keine endgültigen Lösungen, sondern vielmehr Anregungen, selbst über die Ursachen der eigenen Zeiträuber nachzudenken und weitere Lösungswege zu finden. Bei den besprochenen Zeiträubern handelt es sich in erster Linie um interne Zeiträuber, denn die meisten Zeitprobleme werden durch das eigene Verhalten verursacht und das können nur Sie selbst beeinflussen.

Interne Zeiträuber:	**Externe Zeiträuber:**
Keine Ziele	Schlechte Arbeitsplatzbeschreibung
Keine Prioritäten	Bürokratie
Keine Tagesplanung	Keine Entscheidungsbefugnis
Keine Übersicht über Aktivitäten	Unklare Zuständigkeiten
Schlechte Arbeitsmethodik	Fehlende Zusammenarbeit
Schlechtes Ablagesystem	Unkooperativer, schlecht organisierter Vorgesetzter
Zu viele Aktennotizen anfertigen	Unnötige Wartezeiten
Schlechte Arbeitsvorbereitung	Unnötige, zu lange Besprechungen
Übertriebene Eigenkontrolle	Mangelnder und verspäteter Informationsfluss
Perfektionismus	Mangelnde oder übertriebene Kontrollen
Zu lange Vorbereitung	Übertriebene oder zu wenig Kommunikation
Sich zu viel Zeit nehmen	Zu viele Aktennotizen erforderlich
Zu viel auf einmal	Zu lange Dienstwege
Voller Schreibtisch, Unordnung	Unterbrechungen durch Andere
Persönliche Desorganisation	Ablenkung durch Personen, Lärm etc.
Hast, Ungeduld	Schlechte Arbeitsplatzbeschreibung
Unfähigkeit, Nein zu sagen	Bürokratie

Mangelnde Selbstdisziplin

Aufgaben nicht zu Ende denken und führen

Aufschieberitis

Unentschlossenheit

Mangelnde Selbstmotivation

Keine Ziele

Keine Prioritäten

Keine Tagesplanung

Keine Übersicht über Aktivitäten

Schlechte Arbeitsmethodik

Private Dinge im Büro erledigen

Nicht zuhören

Zu lange Telefonate

Zu viel Smalltalk

Zu viel Zeitung lesen

Keine Entscheidungsbefugnis

Unklare Zuständigkeiten

Fehlende Zusammenarbeit

Unkooperativer, schlecht organisierter Vorgesetzter

Unnötige Wartezeiten

Unnötige, zu lange Besprechungen

Mangelnder und verspäteter Informationsfluss

Mangelnde oder übertriebene Kontrollen

Übertriebene oder zu wenig Kommunikation

Zu viele Aktennotizen erforderlich

13. Schreibtisch

Basis jeder guten Ordnung ist
ein großer Papierkorb.
(Kurt Tucholsky)

Bei Bürotätigen ist der Schreibtisch das zentrale Arbeitsfeld und damit auch eine bevorzugte Brutstätte für Zeiträuber. Laut empirischen Studien suchen Schreibtischarbeiter täglich 68 Minuten am Schreibtisch nach Unterlagen. 92 Prozent gelten dabei als *Volltischler*, mit der Neigung, an einem vollen Schreibtisch zu arbeiten. Volltischler behaupten dabei gerne, dass sie genau wissen, wo was auf ihrem Schreibtisch liegt nach dem Motto: „Ein Genie beherrscht sein Chaos". Allerdings kommen alle Untersuchungen zu diesem Thema zu dem eindeutigen Schluss: *Leertischler* arbeiten schneller und effektiver als Volltischler! Dafür gibt es mehrere Gründe:

- Leertischler verwenden messbar weniger Zeit beim Suchen von Unterlagen. Bei Leertischlern ist es oft nur ein gezielter Griff, während Volltischler, selbst wenn sie wissen, wo ihre Sachen liegen, meist mehrere Handgriffe benötigen, um den Weg frei zu machen, damit sie dorthin kommen, wohin sie wollen. Volltischler sehen sich bei Ihrer erfolgreichen Suche als Meister aller Stapel und unterliegen dabei einem falschen Zeitgefühl.
- Entscheidend ist jedoch, dass Leertischler, die nur ihre derzeitige Aufgabe auf dem Schreibtisch liegen haben, nicht abgelenkt werden und weitaus konzentrierter arbeiten. Volltischler haben immer ihr gesamtes Aufgabenspektrum im Blick. Sie werden mit jedem Blick über ihren Schreibtisch ständig an unerledigte (oder auch erledigte) Aufgaben erinnert und springen gedanklich ständig hin und her. Unerledigte Aufgaben bedeuten häufig Zeitdruck und verursachen schlechte Gefühle, was sich ebenfalls auf die Arbeitsleistung auswirkt. Aus diesem Grund ist es sinnvoll, Arbeitschränke mit Ordnern nicht in Blickrichtung vor dem Schreibtisch zu positionieren, sondern seitlich oder hinter Ihrem Rücken aufzubauen.

Neben diesen beiden Punkten hat ein voller Schreibtisch auch eine psychologisch negative Außenwirkung. Er signalisiert Dritten und Ihnen selbst:

- Ich ertrinke in Arbeit!
- Ich schaffe es nicht!

- Ich habe keinen Überblick mehr!
- Ich kann nicht delegieren!
- Ich kann nicht NEIN sagen!

Sie erwecken dadurch im wahrsten Sinne des Wortes einen *unaufgeräumten* Eindruck. Dies ist übrigens auch der Grund, warum sich Topmanager bei Fotos in ihrem Büro gerne hinter einem blank polierten, leeren Schreibtisch zeigen; sie wollen genau diesen Eindruck nicht erwecken.

Was gehört auf den Schreibtisch:

Ganz leer ist ein Leertischler-Schreibtisch natürlich nicht. Im Gegenteil, wenn Sie sich folgende Liste anschauen, dann wird deutlich, dass auch Leertischler meist an einem gefüllten Schreibtisch sitzen:

- PC
- Telefon
- Kalender
- Notizblock
- „Heute"-Körbchen für Aufgaben aus der Tagesplanung
- Eingangskörbchen für Post und neue Aufgaben
- Getränk
- To-do-Liste und Tagesplanung

Das wesentliche Kennzeichen eines Leertischlers ist, dass nicht mehrere Aufgaben bzw. Vorgänge gleichzeitig auf dem Schreibtisch liegen. Selbst mit nur einem Vorgang kann der Schreibtisch zwischenzeitlich voll oder auch überfüllt sein, wenn zur Erledigung der Aufgabe zahlreiche Unterlagen benötigt werden. Nach der Erledigung räumt der Leertischler allerdings die Unterlagen wieder weg, während sie beim Volltischler oftmals liegen bleiben. Solange Sie kein gewohnheitsmäßiger Leertischler sind, sollten Sie an einem fixen Tag pro Woche Ihren Schreibtisch kontrollieren und aufräumen.

Effizientes Arbeiten am Schreibtisch

Das zeitsparende Arbeiten am Schreibtisch umfasst fünf Schritte:

1. Nur der aktuelle Vorgang liegt auf dem Schreibtisch.
2. Ein Vorgang, der heute auf Sie zukommt, kommt ins Eingangskörbchen.
3. Heutige Aufgaben von der Tagesplanung liegen im „Heute"-Körbchen
4. Ein erledigter Vorgang wird sofort abgelegt oder weitergegeben.
5. Ein neuer Vorgang wird nach dem Tagesplan ausgewählt.

Im Eingangskörbchen landen grundsätzlich die gesamte neu eingehende Post und alle neuen Aufgaben. Falls Aufgaben nach der ersten Sichtung nicht gleich erledigt werden können, was außer bei Mini-Aufgaben meist der Fall ist, lege ich sie in die Wiedervorlage unter dem Datum, an dem ich mit der Aufgabe beginnen möchte.

Die Wiedervorlage

Die Wiedervorlage mit einer Tages- und Monatseinteilung verwenden Sie speziell für Ihre mittel- und langfristige Planung und für Aufgaben in Papierform, indem Sie Ihre Unterlagen zum gewünschten Datum der Bearbeitung einsortieren. Es gibt sie in verschiedenen Ausführungen. Entweder in Form von einem Pultordner von 1–31 und parallel von Januar bis Dezember, oder ein System, das in Kästen organisiert ist mit Trennblättern von 1–31 und Januar bis Dezember. Im Rahmen Ihrer Tagesplanung holen Sie dann alle Unterlagen des folgenden Tages aus Ihrer Wiedervorlage.

Die Wiedervorlage eignet sich insbesondere

- zum Vormerken von festen Terminen und Sammeln von benötigten Unterlagen zu diesen Terminen (Besprechungen, Einladungen etc.),
- als Erinnerung an regelmäßige Termine (jeden ersten des Monats; 2x jährlich am 31.5. und 30.11. etc.),
- für die To-do-Projektlisten mit Aufgaben,
- für Aufgaben in Papierform, die bearbeitet werden müssen. Hier können Sie sich ersparen sich die Aufgabe auf die To-do-Liste zu schreiben.
- Der letzte Punkt zeigt Ihnen, dass Sie fast alle Aufgaben mit einer Wiedervorlage ordnen können, denn jede Aufgabe benötigt eine Deadline (Aufgaben, die nie fertig sein müssen, sollten Sie bei Zeitknappheit auch nie bearbeiten).

> Stecken Sie sämtliche Aufgaben und Unterlagen in ein frühzeitiges *Wiedervorlage-Datum*, damit Sie genügend Zeit und Zeitpuffer zu ihrer Erledigung haben!

Sie wissen vermutlich bei den meisten Aufgaben, wie viel Zeit Sie zu ihrer Erledigung benötigen. Kalkulieren Sie großzügig und legen Sie dann das Wiedervorlage-Datum rückwirkend vom Endtermin aus fest. Falls Sie gut unter Zeitdruck arbeiten können, legen Sie eine frühere Deadline fest und kalkulieren Sie den verfügbaren Bearbeitungszeitraum deutlich knapper. Mit der richtigen Handhabung der Wiedervorlage können Sie keinen Abgabetermin übersehen und Sie bearbeiten Ihre Aufgaben zeitlich dann, wenn es sinnvoll ist. In der Zwischenzeit brauchen Sie auch nicht mehr über diese Aufgabe nachzudenken. Einen großen Zeitverlust haben wir nämlich, wenn wir über Vorgänge nachdenken, die heute noch nicht relevant sind.

Das Hängeregister

Das Hängeregister ist wohl das praktischste und vielseitigste Ablagesystem im Büro. Mit ihm werden alle bisherigen Stapel um 90 Grad gedreht und in Rollcontainer unter dem Schreibtisch einsortiert. Die Vorteile von Hängeregistern sind:

- Hängeregister sind platzsparend und unsichtbar (ca. 100 Hängeregister passen in einen üblichen Schreibtisch mit zwei Rollcontainern; 100 Hängeregister entsprechen 100 Vorgängen).
- Sie können direkt auf das jeweilige Hängeregister zugreifen.
- Die einzelnen Hängeregister sind mit beschrifteten Etiketten schnell auffindbar. Beschriften Sie die Etiketten mit eingängigen Begriffen (keine Aktenzeichen etc.). Für die Register können Sie sich eigene Sortierungen ausdenken (alphabetisch, nach Farben, thematisch usw.).
- Sie können in Hängeregister ohne Lochen und Heften verschiedene Papierformate/Notizen schnell ein- und aussortieren. Die Unterlagen legen Sie am besten chronologisch in das Register ein; das vorderste Dokument ist immer das aktuellste.
- Schreiben Sie auf die Vorder- oder Innenseite des Hängeregisters alle wichtigen Infos (Namen, Telefonnummern, Abkürzungen, wichtige Kennzahlen, Schlagwörter für die Inhalte usw.).
- Verwenden Sie Hängeregister auch für häufig benötigte Briefbogen, Klarsichthüllen, Checklisten usw.
- Hängeregister eignen sich für thematische Sammlungen von Infos, wie Zeitungsartikel etc. sowie für wiederkehrende Aktionen (Formulare, Stadtpläne, Hotellisten...).

Achten Sie darauf, dass die Papierflut im Hängeregister nicht überhandnimmt und veraltete und unnötige Unterlagen Ihre Register nicht aufblähen. Dazu eignen sich vor allem zwei einfache Regeln:

1. In Pausen/abends regelmäßig ein Hängeregister durchforsten und ausmisten.
2. Tauschhandel: Für jedes neue Dokument fliegt ein altes aus dem Hängeregister raus.

Ordnung und Überblick im Hängeregister schaffen Sie auch mit Klarsichthüllen. Alles was zusammengehört kommt in eine Klarsichthülle und Sie können jedes Dokument gleich auf den ersten Blick identifizieren.

14. Infoflut

Ob etwas Gift oder Heilmittel ist,
bestimmt allein die Dosis.
(Hippokrates)

Die besten Ordnungs- und Ablagesysteme verhindern nicht, dass die Menge neuer Informationen an Ihrem Arbeitsplatz meist viel größer ist, als Ihre persönliche Verarbeitungskapazität. Die Folge ist, dass neue Infos lange liegen bleiben, interessante Artikel irgendwann ungelesen in den Papierkorb wandern und Wichtiges im Datenmüll verloren geht. Informationsarmut im Datenüberfluss – trotz aller Technik. Internet und E-Mail lassen die verfügbaren Informationen zu praktisch jedem Thema fast ins Unendliche anwachsen. Durch die Qual der Wahl wird die Informationssuche nicht unbedingt kürzer und der Weg durch den Infodschungel meist immer länger. Beim Umgang mit Informationen gilt daher: Less is more! Sie werden niemals alles lesen können und irgendetwas fällt immer hinten runter; Sie allein entscheiden, was. Dieses Prinzip ist Ihnen bereits hinlänglich bekannt.

Kreativer Umgang mit Lesestoff

Lesestoff sind alle Infos zu Ihrem Aufgabengebiet, die Sie gerne lesen würden bzw. sollten. Gemeint sind Fachzeitschriften, Zeitungsartikel, Werbebriefe, Infos im Internet, Newsletter etc., die Ihnen helfen, auf Ihrem Fachgebiet am Ball zu bleiben, neue Ideen zu sammeln und sich weiterzubilden. Kurzfristig könnten Sie durch den Verzicht auf Lesestoff sicherlich einiges an Zeit sparen, langfristig werden Sie angesichts der rasanten Veränderungen in praktisch allen Tätigkeitsfeldern Probleme bekommen, auf dem Laufenden zu bleiben und neue Impulse zu bekommen. Lesestoff beinhaltet keine konkreten Aufgaben, die Sie bearbeiten müssen. Genau darin liegt das Problem, dass Sie aktuelle Infos, neue Erkenntnisse usw. nicht lesen, da andere Aufgaben vermeintlich dringender sind. Der Stapel an Infos wächst und wächst und irgendwann wird er weggeworfen oder fällt einfach um und erschlägt Sie.

Hier ein paar Tipps, wie Sie mit täglich wachsenden Infobergen auf Ihrem Schreibtisch besser umgehen:

- Zahl der Zeitungen, Zeitschriften, Magazine begrenzen!
  Nicht jede halbwegs interessante und verfügbare Zeitung im Unternehmen müssen Sie lesen. Beschränken Sie sich auf das fachlich Notwendige; zu mehr haben Sie eh keine Zeit.
- Je länger der Verteiler, desto länger der Umlauf!
  Je länger der hausinterne Verteiler einer Zeitschrift, desto länger der Umlauf, desto veralteter sind die Infos, falls Sie nicht unter den Top 3 der Verteilerliste stehen.
- In ähnlichen Zeitungen, Zeitschriften wiederholen sich die Inhalte!
  Fachzeitschriften oder Newsletter zu einem bestimmten Gebiet haben zwangsläufig viele Doppelungen, daher sollten Sie nur die besten lesen.
- Wenn eine neue Ausgabe kommt, alte *ungelesen* weg!
  Falls Sie bereits die neue Monatsausgabe eines Magazins auf dem Tisch haben, obwohl Sie die alte noch nicht gelesen haben, dann werfen Sie die alte ungelesen weg. Ansonsten kommen Sie nie aus dem Teufelskreis veralteter Infos heraus.
- Alle Arten von Lesestoff auf einen Stapel!
  Entwickeln Sie keine kreativen Sortiertechniken und bilden Sie keine unterschiedlichen Stapel je nach Art der Infos. Als Leertischler haben Sie dafür weder Platz noch Zeit.
- Regelmäßige Leseeinheiten einbauen!
  Täglich alle eingehenden Infos zu sichten und zu lesen (zum Beispiel nach dem Mittagessen), dürfte nicht immer möglich sein. Mindestens am Ende der Woche sollen Sie jedoch reinen Tisch machen und den gesamten Lesestoff abarbeiten.
- Lesestoff selektieren!
  - Bereits Bekanntes nicht mehrmals lesen.
  - Überschriften, Vorspann, Fazit lesen.
  - Nur die wichtigsten ein bis zwei Artikel einer Zeitschrift lesen.

Es gibt verschiedene Möglichkeiten, Infos gezielt auszuwählen. Wichtig ist, dass Sie tatsächlich auswählen und nicht versuchen, möglichst alles aufzunehmen. Das gelingt nie und Sie entwerten Wichtiges gegenüber Unwichtigem. Auch bei der Informationsgewinnung gilt die goldene Regel: Das Wichtige zuerst, das andere gar nicht!

Wenn ein Text in einer Zeitschrift sehr wichtig ist, kopieren Sie den Text, markieren und kommentieren Sie die wichtigen Stellen und legen Sie ihn dort ab, wo er sachlich hingehört. Falls Sie einen Text nirgends zuordnen können, ist auch ein Ordner *Allgemeine Infos* erlaubt.

- Keine Zwischenlager bilden!
  Entwickeln Sie keine mehrstufige Lagerlogistik in der Art *wichtig – noch zu lesen – kopieren – Infos zu Thema XY* usw. Solche Systeme kosten Platz, Zeit und Nerven und nichts ist dauerhafter als ein Provisorium.
- Infos mit Aufbewahrungsfristen!
  Informationen und Dokumente, die wichtig sind oder für die besondere Aufbewahrungsfristen gelten, sind, sofern Sie diese nicht ständig benötigen, klar beschriftet außerhalb des Büros aufzubewahren. Viele Unternehmen haben dafür eine verwaltete Registratur. Im eigenen Büro kosten diese Dokumente Platz und sind ein sichtbarer Zeiträuber.

- Vorsicht beim Sammeln von Infos, die man *mal* brauchen könnte – das Internet ist immer aktueller!

Google ist – richtig verstanden – der zeitökonomische Infomanager schlechthin. Durch Googeln finden Sie die aktuellen Infos dann, wenn Sie diese wirklich brauchen und müssen keine zeit- und platzaufwändige Info-Lagerhaltung betreiben. Allerdings sollten Sie auch bei der Infosuche im Internet die grundlegenden Regeln des Zeitmanagements wie Priorisierung und das Paretoprinzip beachten.

Schützen Sie sich vor den Mengen an *Bad News*. Alle Informationsmedien, ob Fachzeitschriften oder Newsletter, leben von der Problematisierung von Themen, um daraus ihre eigene Existenzberechtigung als Ratgeber abzuleiten. In der Summe sind diese negativen Nachrichten nicht nur ein Zeiträuber, sondern vor allem ein Energieräuber. Wenn Sie bisher die tägliche Infoflut nicht bewältigt haben, analysieren Sie sämtliche Infoquellen im Alltag und erstellen Sie danach eine To-do-Liste, welche Infos Sie zukünftig völlig oder stärker ignorieren möchten und wie viel Zeit Sie dabei sparen. Es kommt sicherlich einiges zusammen.

To-do-Liste: Was will ich zukünftig (stärker) ignorieren?

Informationsmedien: Was will ich nicht mehr lesen?	Zeitersparnis pro Woche
Gesparte Arbeitszeit:	Summe

15. Nein sagen

Es gibt Diebe, die nicht bestraft werden und dem Menschen doch das Kostbarste stehlen: die Zeit.
(Napoleon I.)

Das Wort *NEIN* ist das zeitsparendste Wort und daher ein wesentlicher Erfolgsfaktor Ihres Zeitmanagements. Dennoch fällt es vielen Menschen im Berufsleben sehr schwer, auf eine Bitte eines Kollegen oder ihres Chefs, Nein zu sagen und es ist häufig mit einem schlechten Gewissen verbunden. Dafür gibt es eine Vielzahl von Gründen und Ängsten:

- Ich möchte nicht unfreundlich/unhöflich sein.
- Ich kann doch zum Chef oder Kunden nicht Nein sagen.
- Ich muss das Nein begründen und habe Angst vor einer Diskussion.
- Ich brauche auch mal die Hilfe Anderer.
- Ich habe ein großes Pflichtgefühl.
- Ich habe doch bisher immer Ja gesagt.
- Ich will die Harmonie nicht zerstören.
- Ich will nicht undankbar sein; mir wurde auch schon geholfen.
- Es handelt sich ja nur um eine Kleinigkeit.
- Ich habe Mitleid mit der Situation des Anderen...

Diese Liste lässt sich ergänzen und es gibt sehr viele Gründe, nicht Nein zu sagen. Häufig sagen Menschen deshalb nicht Nein, weil sie es nie gelernt haben und einfach nicht gewohnt sind. Nicht *Nein sagen* können hat jedoch gravierende Folgen. Wer nicht Nein sagen kann, ist fremdgesteuert. Sie können nie sicher sein, dass nicht im nächsten Moment ein Kollege Sie bittet, eine Aufgabe zu übernehmen. Mit dieser Unsicherheit können Sie kein aktives, selbstgesteuertes Zeitmanagement aufbauen und sind letztendlich ein Abhängiger Ihrer Umwelt. Wer Ja sagt und Nein meint, macht sich selbst zum Opfer und fühlt sich auch als Opfer. Gleichzeitig sind Sie unehrlich gegenüber Anderen und missbrauchen deren Vertrauen.

Natürlich ist Ja sagen leichter als Nein sagen. Deshalb ist Ja ein bequemer Weg mit oft unbequemen Folgen, nämlich mehr Arbeit und Problemen. Dabei haben Sie das Recht und die Pflicht Nein zu sagen.

- Sie haben das Recht Nein zu sagen, weil eine Frage oder Bitte Ihnen immer die Entscheidungsfreiheit zwischen Ja und Nein lässt. Ansonsten handelt es sich nicht um eine Frage, sondern um einen Befehl. Ein begründetes Nein wird dabei vom Anderen viel häufiger akzeptiert, als Sie glauben.
- Sie haben die Pflicht Nein zu sagen, wenn Sie durch ein Ja Ihre eigentlichen Prioritäten zu Lasten des Unternehmens vernachlässigen. Jedes Ja bedeutet immer auch ein Nein gegenüber anderen Aufgaben und Personen. In der Zeit, in der Sie sich einer Sache widmen, kommt eine andere Sache zu kurz. Es ist Ihre Entscheidung und Ihre Interessensabwägung.

Im Folgenden wird das Thema *Nein sagen* rein unter dem Gesichtspunkt des Zeitmanagements betrachtet, das heißt, dass Sie Nein sagen möchten, weil Sie für zusätzliche Aufgaben und Arbeiten keine Zeit haben. Dass Nein sagen immer auch mit persönlichen Gefühlen gegenüber Anderen zusammenhängt, ist nicht Gegenstand der Überlegungen. Grundsätzlich gilt: Nicht derjenige der fragt, ist an Ihren Zeitproblemen schuld, sondern Sie allein sind mit Ihrer Antwort für Ihre Zeitplanung verantwortlich.

Es fällt uns in der Regel deshalb so schwer Nein zu sagen, weil wir den Anderen nicht vor den Kopf stoßen wollen. Wir haben auch oft schon die Erfahrung gemacht, dass der Andere anfängt zu kämpfen, wenn er ein „Nein" hört. Bei Kindern kann man es ganz deutlich miterleben:

Wenn Sie zu einem Kind sagen: Nein, diesen Stift bekommst du nicht, dann will das Kind den Stift erst recht und es gibt ein riesiges Geschrei.

Wir Erwachsenen sind hier ähnlich. Bei vielen Menschen wird bei einem ausgesprochenen „Nein" eine innere Kraft mobilisiert, die sagt: „Das werden wir doch mal sehen, ob das nicht geht!" Und der Mensch fängt an zu kämpfen.

Das sieht, je nach Mensch, unterschiedlich aus. Entweder wird Druck aufgebaut, wir versuchen, den anderen zu zwingen, was je nach Stellung im Unternehmen möglich ist, oder wir versuchen es mit überreden, oder schmeicheln.

Beim „Nein" sagen gibt es immer zwei Ebenen, die emotionale Ebene und die rationale Ebene. Sie meinen es wahrscheinlich auf der rationalen Ebene, weil es einfach nicht geht und es kommt leider auf der emotionalen Ebene beim anderen an. Er fühlt sich zurückgedrängt und nicht gesehen.

Deshalb gilt beim „Neinsagen" immer:

> Wenn ich „Nein" sagen möchte, oder muss, dann sage ich bewusst „Ja" zum Gegenüber!
> Und ich sage immer das, was geht und niemals das, was nicht geht!

In diesem Cartoon kommt ganz deutlich zum Ausdruck, wie der Nein-Sager sich fühlt und wie das Gegenüber sich fühlen muss, wenn er mit so einer Reaktion konfrontiert wird.

Wie das richtige „Nein" sagen in der Praxis funktioniert, möchten wir Ihnen an ein paar Beispielen erklären.

Beispiel 1:
Ein Kollege kommt an Ihren Schreibtisch und möchte von Ihnen eine Liste erstellt haben.

Wir definieren, dass es grundsätzlich Ihre Aufgabe ist, diese Liste zu erstellen, aber Sie können erst in 4 Stunden damit anfangen, weil Sie eine wichtige Aufgabe erledigen müssen.

Folgender Dialog ergibt sich:

Kollege:
Ich brauche dringend von dir Liste XY.

(Normalerweise würden wir jetzt ganz spontan antworten: „Tut mir leid, aber ich habe keine Zeit, ich sitze gerade über einer wichtigen Aufgabe." Der Kollege würde sich in diesem Falle wahrscheinlich zurückgesetzt fühlen, weil etwas anderes wichtiger ist, als er und könnte anfangen zu kämpfen.)

Ich:
Bis wann brauchst Du die Liste spätestens?

(Bei dieser Frage bekommt der andere erst mal das Gefühl, dass Sie ihn nicht abwimmeln wollen, sondern dass Sie auf ihn eingehen. Außerdem sollten Sie generell den Endzeitpunkt abklären!

Jetzt haben Sie 50 % die Chance, dass der Andere einen Zeitrahmen nennt, indem Sie es leicht erledigen können.

Aber wir wählen die schwierigere Variante, denn Sie können erst in vier Stunden damit anfangen)

Kollege:
Ich brauche die Liste in einer Stunde.

Ich:
(Fallen Sie jetzt bitte nicht in sich zusammen! Lassen Sie sich Zeit, atmen Sie und handeln Sie besonnen!)

Welche Liste brauchst Du denn? Die gleiche wie das letzte Mal, in Excel, mit vier Spalten, ...? (Diese Frage stelle ich, auch wenn ich genau weiß, welche Liste er meint. Jetzt könnte es sein, dass sich herausstellt, dass die Liste ganz anders sein muss, wie beim letzten Mal. Und er bekommt zusätzlich das Gefühl, ich bin willig!)

Kollege:
Ja, genau die gleiche!

Ich:
Ich mache sie gerne in vier Stunden kann ich damit anfangen.

(Ich sage jetzt das was geht und nicht das, was nicht geht! Und es ist ganz erstaunlich, dass die meisten Menschen das jetzt akzeptieren!

Aber wir gehen jetzt mal davon aus, dass er es nicht akzeptiert.)

Kollege:
Nein, das ist viel zu spät! Ich brauche die Liste in einer Stunde.

Ich:
Dann muss ich erst mal bei meinem Chef abklären, ob ich diese Aufgabe, an der ich gerade sitze, hintenanstellen darf.

(Jetzt bekomme ich wieder einige Kollegen dazu, die die vier Stunden akzeptieren. Falls der Kollege jetzt aber sagen würde, dass ich es abklären soll, dann tue ich es.)

Bei dieser Herangehensweise ist die emotionale Ebene zwischen mir und dem Kollegen nicht gestört und wir haben weiterhin ein gutes Verhältnis.

Beispiel 2:
Kollege will eine Aufgabe von Ihnen erledigt haben, die gar nicht in Ihrem Aufgabenbereich liegt.

Geben Sie ihm folgende Antworten:

- Gehe doch mit dieser Aufgabe zu Herrn ..., das gehört in seinen Bereich.
- Das muss ich erst abklären, ob ich diese Aufgabe übernehmen darf.

(Falls es im Unternehmen keine Abteilung, oder Person geben sollte, der diese Aufgabe zugeteilt ist.)

Beispiel 3

Nein sagen zum Vorgesetzten:

Chef kommt zu mir und möchte eine dringende Aufgabe erledigt haben. Sie können sie aber jetzt nicht machen, da sie über einer anderen wichtigen Aufgabe sitzen.

Stellen Sie folgende Fragen:

- Bis wann brauchen Sie es spätestens?
- Was ist wichtiger? Aufgabe X, oder Y?
- Welche von den anderen Aufgaben soll ich hintenanstellen?
- In welcher Reihenfolge soll ich die Aufgaben erledigen?
- Wie detailliert soll die Aufgabe sein?

Dadurch sieht Ihr Vorgesetzter Ihre aktuellen Aufgaben und Ihre zeitliche Situation, die er vermutlich im Detail nicht kennt. Er wird Ihnen die Prioritäten aufzeigen und eine, für ihn machbare Lösung erarbeiten. Er wird Ihnen sagen, was für ihn wichtiger ist und was Sie unbedingt als erstes machen müssen und gibt Ihnen damit Prioritäten vor. Wenn Sie dann nachrangige Aufgaben nicht oder nur in einer geringeren Qualität erledigen, weiß er zumindest Bescheid, da Sie ihm Ihre Zeitsituation offen geschildert haben. Sie sollten natürlich versuchen, die Wünsche Ihres Chefs im Rahmen Ihrer Möglichkeiten zu erfüllen. Es ist aber völlig legitim, auch mal etwas nicht zu schaffen, wenn Sie frühzeitig darauf hinweisen. Ansonsten entsteht schnell der Eindruck, dass Sie immer nur jammern und dann doch alles erledigen. Die Folge ist, dass Ihr Vorgesetzter Sie nicht mehr ernst nimmt.

Zuerst Ja, dann Nein

Ist es möglich, später noch Nein zu sagen, obwohl Sie bereits Ja gesagt haben? Natürlich ist das möglich und manchmal sogar dringend geboten. Im Kern geht es immer darum, dass sich eine Situation geändert hat und neue Situationen neue Entscheidungen erfordern. Sie haben spontan Ja gesagt, müssen aber nach einer Zeit Nein sagen, weil

1. sie das *Zugesagte* zeitlich nicht schaffen,
2. die Situation sich geändert hat,
3. sie die Konsequenzen nicht durchdacht haben,
4. eine andere Person, die Ihnen zuarbeitet, sich nicht an die Abmachungen hält.

Sagen Sie in diesen Fällen ebenso immer was geht, oder was Sie tun werden und nicht das, was nicht geht!

1. Ich habe Ihnen doch versprochen, dass Sie die Aufgabe am ... von mir bekommen. Ich wollte Ihnen mitteilen, dass es noch bis zum ... dauert, weil...
2. Die Situation in dem Projekt hat sich in diese Richtung entwickelt, das heißt, dass ich vorschlage die Aufgabe ... wegzulassen und dafür sollte... getan werden.
3. Ich habe Ihnen doch ... zugesagt. Ich habe mir das noch mal durchdacht und würde anstatt dessen lieber ... tun, weil ....
4. Ich habe Ihnen doch die Aufgabe ... bis zu ... zugesagt. Ich brauche von Herrn X, ... Er kann es mir erst bis zum ... geben, das heißt, wenn ich es am ... von Herrn ... habe, kann ich mit der Bearbeitung beginnen und Sie bekommen es dann am ...

Das Neinsagen wird auch zukünftig kein Vergnügen sein (und soll es auch nicht).

Zum Neinsagen gehört auch Übung und Erfahrung. Es geht nicht darum, dass Sie ein erfahrener Neinsager werden, sondern ein professioneller Entscheider über Prioritäten. Denken Sie immer daran, was bei einem Nein wirklich passieren kann. Was ist der Worst-Case und wie wahrscheinlich ist er. Denken Sie nicht zu lange über ein Nein nach; meist wird es schneller akzeptiert, als Sie glauben.

16. Delegieren

Menschen, die Zeit haben, sind immer
Menschen,
die nicht glauben, sie müssten alles
selber machen.
(Emil Oesch)

Delegieren bedeutet Anderen nicht nur einzelne Aufgaben, sondern auch die Handlungskompetenz, den Entscheidungsspielraum und die Ergebnisverantwortung zu übertragen. Das heißt der Delegierte, also derjenige, dem eine Aufgabe übertragen wird, ist verantwortlich für die Aufgabenerfüllung. Je komplexer eine Aufgabe, desto wichtiger ist es, dass der Delegierte über die nötigen Fähigkeiten und Kenntnisse zur Aufgabenerfüllung, aber auch über die Handlungskompetenz und den Spielraum für eigene Entscheidungen verfügt. Dieses sicherzustellen ist wiederum Aufgabe des Delegierenden. Was hat nun Delegieren mit Zeitmanagement zu tun? Im Idealfall werden durch Delegieren Aufgaben so umverteilt, dass jeder Mitarbeiter die Aufgaben übertragen bekommt, die am besten seinen Stärken entsprechen. Dadurch wird sichergestellt, dass die Arbeit in kurzer Zeit bestmöglich erledigt wird und alle Beteiligten in hohem Maße zufrieden sind. Delegieren führt daher zu einer Steigerung von Effizienz und Effektivität.

Es ist ein weit verbreiteter Trugschluss, dass nur Vorgesetzte mit Personalverantwortung delegieren können. Betrachtet man Delegieren in einem weiteren Sinne, kann praktisch jeder Arbeitnehmer mit etwas Fantasie delegieren, wie folgende Abbildung deutlich macht.

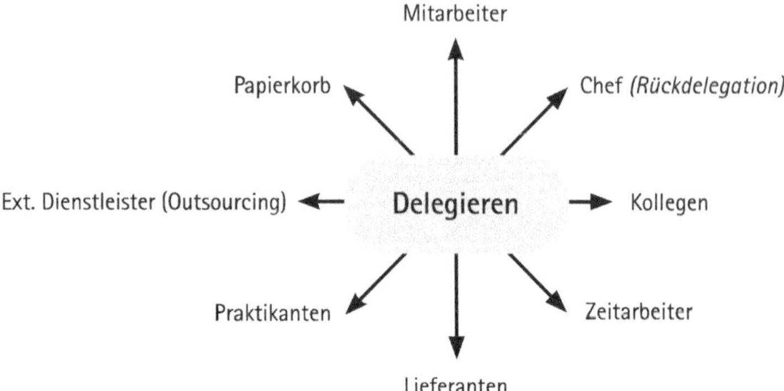

Das Delegationsnetzwerk listet Akteure auf, an die sich Aufgaben delegieren lassen. Diese werden im herkömmlichen Sinne meist nicht unter dem Gesichtspunkt des Delegierens betrachtet.

- Chef delegiert an Mitarbeiter
- Mitarbeiter delegiert an Chef (Rückdelegation; sinnvoll bzw. notwendig, wenn Handlungskompetenzen fehlen und die Aufgabe im Kern Chefsache ist)
- Mitarbeiter delegiert an Kollegen (Teamwork; informelle gegenseitige Unterstützung)
- Mitarbeiter delegiert an Praktikanten (oftmals preiswerte, qualifizierte Variante)
- Temporär anfallende Arbeiten werden an Zeitarbeitskräfte delegiert
- Unternehmen delegiert an Lieferanten (die Aufgaben von Lieferanten werden erweitert; Lieferanten sind dazu in der Regel bereit, da sie an einer Geschäftsbeziehung interessiert sind)
- Unternehmen delegiert an Kunden (Selbstbedienung; Einchecken im Internet statt am Flughafenschalter usw.)
- Outsourcing (Aufgaben, die nicht Kernaufgaben des Unternehmens sind, werden an andere Dienstleister vergeben)
- Netzwerke pflegen (je besser Sie vernetzt sind, desto größer sind die Möglichkeiten, Aufgaben durch und mit anderen Netzwerkpartnern zu lösen)
- D-Aufgaben wandern in den Papierkorb (eine der zeitsparendsten Formen des Delegierens)

Überlegen Sie selbst in einem Brainstorming oder in einer Besprechung mit Kollegen, welche Aufgaben sich im Rahmen Ihrer Tätigkeit und generell im

Unternehmen an wen delegieren lassen. Erstellen Sie Ihr eigenes Delegationsnetzwerk und benennen Sie die Akteure konkret mit Namen. Überlegen Sie bei jeder Aufgabe, wer in Ihrem Delegationsnetzwerk evtl. dafür besser in Frage käme und ob die bisherige Aufgabenverteilung sinnvoll ist. Von John D. Rockefeller ist die Aussage überliefert, dass man jede Aufgabe, die auch ein Anderer erledigen könnte, delegieren solle. Dies ist sicherlich übertrieben und in der Praxis nicht umsetzbar, aber zumindest ein interessanter Denkansatz.

Die beiden Hauptgründe für fehlendes Delegieren lauten meist:

- In der Zeit, in der ich dem Anderen die Aufgabe erkläre, habe ich sie auch selbst erledigt.
- Der/Die macht es nicht so, wie ich es will und gewohnt bin.

Der erste Grund ist zu kurz gedacht. Natürlich dauert es beim ersten Mal für beide Seiten etwas länger, daher macht Delegieren vor allem dann Sinn, wenn eine Aufgabe dauerhaft übertragen wird. Das dauerhafte Übertragen von Aufgaben ist auch wichtig, damit klar ist, wer die Verantwortung trägt. Wenn ein Vorgesetzter eine bestimmte Aufgabe hin und wieder einem Mitarbeiter überträgt und zwischendurch wieder selbst erledigt, entsteht Unsicherheit und keiner fühlt sich richtig verantwortlich.

Der zweite Grund ist ebenfalls zu kurz gedacht. Natürlich können Sie eine Aufgabe, die Sie bisher selbst erledigt haben, oft besser als jemand, der sich erst einarbeiten muss. Aber diese Haltung zeigt nicht nur mangelndes Vertrauen in die Leistungsfähigkeit Anderer, sie führt vor allem dazu, dass Sie selbst keine höheren Aufgaben übernehmen können, weil Sie dafür keine Zeit haben. Neue Aufgaben zu übernehmen, heißt immer auch bereit zu sein, bisherige Aufgaben abzugeben.

Hier nochmals die wichtigsten Vorteile des Delegierens in Kürze:

- Delegieren kostet einmal Zeit und spart dauerhaft Zeit!
- Delegieren schafft Vertrauen und ist ein Zeichen der Wertschätzung!
- Delegieren führt zu neuen, innovativen Ergebnissen!
- Durch Delegieren werden Aufgaben auf mehrere Schultern verteilt und können schneller gelöst werden!
- Durch Delegieren können Aufgaben von den Personen erledigt werden, die diese am besten können bzw. am liebsten machen!
- Verschiedene Kompetenzen und Sichtweisen können sich fruchtbar ergänzen!

Delegieren sollten Sie vor allem Ihre C- und D-Aufgaben. C- und D-Aufgaben kosten Sie häufig am meisten Zeit, obwohl sie nicht von großer Wichtigkeit sind.

Beim Delegieren von C- und D-Aufgaben kommt es darauf an, dass sie gemacht werden, weniger darauf, wie perfekt sie erledigt werden. Daher ist die Sorge, dass ein Anderer eine Aufgabe nicht genau in Ihrem Sinne erledigt, meist völlig unbegründet. Je mehr C- und D-Aufgaben Sie delegieren, desto mehr Zeit haben Sie für Ihre A- und B-Aufgaben. Versuchen Sie doch einfach mal, Ihre C- und D-Aufgaben in Ihrem Delegationsnetzwerk neu zu verteilen!

In fünf Schritten erfolgreich Delegieren

Delegieren heißt in der Praxis leider häufig „*Machen Sie mal...*". Dabei handelt es sich um eine Anordnung eines Vorgesetzten und nicht um Delegieren im Sinne besserer Arbeitsergebnisse und einer höheren Mitarbeitermotivation. Oftmals scheitert daher das Delegieren von Aufgaben, was viele Vorgesetzte in ihrer Grundannahme, selbst alles besser zu können, wiederum bestätigt. Häufige Fehler beim Delegieren sind:

- Es werden Aufgaben delegiert, aber keine notwendigen Informationen.
- Es wird in die Arbeitsweise des Delegierten hineingeredet.
- Der Delegierte wird für das Ergebnis verantwortlich gemacht, hat jedoch wenig Entscheidungsspielraum, da vieles bereits vorab entschieden wurde.

Bevor Sie delegieren, sollten Sie sich überlegen, wie Sie delegieren. Dabei gilt es fünf W-Fragen zu beantworten:

WER	Wer soll es tun, wer hat die Qualifikation und die Zeit dafür?
WAS	Ist die Aufgabe und was ist genau zu tun?
WIE	Was wird gefordert, wie ist die Aufgabe auszuführen, wie soll das Ergebnis aussehen?
WOFÜR	Der Hintergrund der Aufgabe, warum ist sie wichtig, welche Konsequenzen ergeben sich, wenn sie nicht getan wird?
Bis WANN	Bis wann müssen Ergebnis oder Zwischenschritte erreicht sein?

Eine praktische Methode, diese fünf W-Fragen vollständig und übersichtlich zu beantworten ist, für jede zu delegierende Aufgabe ein Delegationsblatt zu entwickeln. Auf diesem Standardformular beantworten Sie die fünf Fragen schriftlich. Sie erklären die Aufgabe Ihrem Mitarbeiter und geben ihm das Delegationsblatt als Info an die Hand. Nach der erstmaligen Erledigung einer Aufgabe bzw. bei großen Projekten auch zwischendurch sollten Sie gemeinsam das Ergebnis überprüfen.

Delegationsblatt: Datum:

Aufgabe: ______________________________

Wer: ______________________________

____

____

Was: ______________________________

Wie: ______________________________

____

Bis Wann: ______________________________

____

____

Wofür: ______________________________

Evtl. Unterschriften Delegierender/Delegierter

Fordern Sie eine Delegation auf jeden Fall zum vereinbarten Zeitpunkt ein, falls der Delegierte die Aufgabe noch nicht abgegeben hat, denn man kann Menschen dazu erziehen, Aufgaben nie pünktlich fertig zu haben bzw. Aufgaben auszusitzen. Es liegt in der Regel am Delegierenden, der die Aufgabe nicht rechtzeitig eingefordert hat.

Geben Sie als Delegierender bei der ersten bzw. den ersten Durchführungen unbedingt ein Feedback an den Delegierten. Es dient der Korrektur und Anerkennung und gibt beiden Seiten Sicherheit. Später reicht es in der Regel, wenn positive oder negative Ergebnisabweichungen diskutiert werden.

Delegieren nach der SKE-Regel:

Beachten Sie beim Delegieren von Aufgaben schließlich immer auch die SKE-Regel:

- Wo liegen meine Stärken, was kann ein Anderer besser?
- Konzentriere ich mich wirklich auf meine Kernziele und Kernaufgaben?

- Ist der bisherige Weg wirklich einfach oder könnte die Aufgabe auch anderweitig effizienter erledigt werden?

Beim Delegieren geht es immer auch darum, neue Wege auszuprobieren. Trauen Sie sich zu delegieren und falls Sie unsicher sind, ob ein Anderer eine Aufgabe übernehmen kann, fragen Sie einfach. Behalten Sie auch immer den wirtschaftlichen Aspekt im Auge, d. h., es ist zu teuer für ein Unternehmen, wenn ich nicht zu meinen wichtigen Kernaufgaben komme, weil ich mich mit Routineaufgaben herumschlagen muss, die ein anderer, der nicht so teuer ist wie ich, genauso gut erledigen kann.

17. Telefonieren

Es ist nicht wenig Zeit, die wir haben,
sondern viel Zeit, die wir nicht nützen.
(Seneca)

Fach- und Führungskräfte verbringen den weitaus größten Teil ihrer Arbeitszeit mit Kommunikation. Kommunikation über das Telefon, Kommunikation durch E-Mails oder Kommunikation in Meetings. Folglich sind in diesen Bereichen auch die größten Zeiträuber am Werk, die es zu bekämpfen gilt.

Allerdings werden diese Tätigkeiten nur in den seltensten Fällen kritisch hinterfragt und auf Zeitsparpotenziale untersucht. Denn Telefonate, E-Mails und Sitzungen sind schließlich unvermeidlich und kann auch jeder. Gute Zeitmanager können es jedoch besser, und zwar durch die Beachtung einfacher Regeln.

Ein paar Tipps zum zeitökonomischen Telefonieren:

Zu allererst: Machen Sie sich bitte mit der Technik Ihrer Telefonanlage vertraut. Wie funktioniert das Weiterleiten oder Lautschalten, wie die Kurzwahl für häufige Anrufe, wie kann ich Anruferlisten einsehen und Telefonnummern speichern. Die mangelnde Beherrschung der Telefonanlage ist für Anrufer und Empfänger gleichermaßen ärgerlich, kostet Zeit und täglich fliegen unzählige Menschen aus der Leitung.

Ausgangstelefonate (Sie rufen an!):

Telefonblöcke

Bilden Sie Telefonblöcke. Sammeln Sie Anrufe, sofern sie nicht im Rahmen der Erledigung einer Aufgabe zu einem bestimmten Zeitpunkt notwendig sind, und erledigen Sie mehrere Anrufe am Stück. Geeignet dafür sind leistungsschwächere Zeiten wie zum Beispiel nach der Mittagspause. Wenn Sie wissen, dass Sie mehrere Telefonate hintereinander durchführen wollen, verkürzen Sie unbewusst das einzelne Gespräch.

Gesprächsleitfaden

Erst denken, dann telefonieren. Bereiten Sie Telefongespräche gedanklich oder schriftlich kurz vor, damit Sie nichts Wichtiges vergessen und dann noch zweimal hinterhertelefonieren müssen. Denken Sie darüber nach, was Ihr Ziel ist, was will ich innerhalb des Gespräches für mich erreichen? Das Gespräch wird dadurch weit kürzer ausfallen.

Auf das Wesentliche konzentrieren

Kommen Sie zügig auf den Punkt. Die Eingangsfrage „*Darf ich Sie stören?*“ klingt zwar höflich, ist aber meist nur eine überflüssige Floskel. Wenn jemand im Geschäftsleben nicht gestört werden will, dann wird er gar nicht ans Telefon gehen, das gilt besonders für den Anruf auf ein Handy. Außerdem möchte ich ihn nicht auf den Gedanken bringen, dass ich ihn gerade störe.

Auf das Wesentliche konzentrieren heißt, gleich mit den wichtigen Punkten zu beginnen, und zwar in der Reihenfolge der Wichtigkeit. Damit vermeiden Sie, dass Sie im Verlauf eines Telefonats Wichtiges vergessen. Kommen Sie schnell zur Sache und erläutern Sie erst danach den Hintergrund von Sachverhalten. Es ist für den Zuhörer schwierig, wenn er bei langen Vorreden gar nicht weiß, auf was Sie hinauswollen. Smalltalk können Sie dann am Ende des Telefonates mit ihm führen. Bei internationalen Kontakten, speziell in Asien, ist es allerdings erforderlich, dass Sie zuerst Small Talk führen, bevor Sie mit dem Geschäftlichen loslegen. Dies ist für das Geschäft wesentlich, also sollten Sie damit auch beginnen.

Unterlagen bereithalten

Eigentlich eine Selbstverständlichkeit, aber nicht nur bei Volltischlern ist es ein großer Zeiträuber, wenn Sie während des Telefonats suchen müssen.

Bei standardisierten Vorgängen mit Checklisten arbeiten

Bei allen Tätigkeiten gibt es Standardanrufe (z. B. Kundenkontakte), die im Kern immer ähnlich ablaufen. Verwenden Sie bei solchen Anrufen Checklisten oder Fragenkataloge, damit diese Anrufe immer ähnlich professionell ablaufen und Sie keinen wesentlichen Punkt vergessen. Checklisten verkürzen Telefonate signifikant, da die Punkte in einer stimmigen Reihenfolge abgefragt werden und Sie nicht überlegen müssen, ob Sie wirklich alle Fragen erörtert haben.

Ergebnisse des Telefonats wiederholen und schriftlich festhalten

Wichtige Ergebnisse, wie Zahlen, Termine etc. sollten Sie am Ende des Telefonats nochmals laut wiederholen, um etwaige Missverständnisse zu klären. Sie geben dem Angerufenen auch das Gefühl von Sicherheit. Halten Sie diese Punkte in einer schriftlichen Notiz kurz fest, die Sie evtl. als Mail auch an den Telefonpartner weiterleiten können.

Am Ende muss klar sein, wie es konkret weitergeht!

Kommentierte Telefonliste

Führen Sie für Ihre regelmäßigen Gesprächspartner eine Telefonliste, in der Sie eintragen, wann jemand am besten erreichbar ist, oder ob es besser ist, jemanden auf dem Handy anzurufen. Auch weitere Besonderheiten, auf was Sie bei Telefonaten mit bestimmten Personen achten sollten, können Sie in eine solche Liste eintragen.

Rückruf oder E-Mail

Setzen Sie sich ein Limit, wie oft Sie versuchen, jemanden zu erreichen. Versuchen Sie ihn zu unterschiedlichen Zeiten zu erreichen. Sprechen Sie nach spätestens drei Versuchen auf die Mailbox, bitten Sie bei einem Kollegen des gewünschten Gesprächspartners um Rückruf oder schreiben Sie eine kurze E-Mail mit Bitte um Rückruf. Manchmal reicht es auch, dass Sie auf den Anruf des Anderen warten; daran erkennen Sie gleich die Prioritäten des Anderen.

Prioritäten

Führen Sie Ihre Telefonate in der Reihenfolge Ihrer Prioritäten. Wichtige Gespräche sollten Sie nicht hinauszögern, sondern möglichst rasch erledigen. Dies hat zum einen den Vorteil, dass Sie zügig Wichtiges erledigen, zum anderen, dass Sie nicht immer an das bevorstehende Gespräch denken. Wenn ein wichtiges Telefonat nicht im erwünschten Sinne verlaufen ist, dann ist es besser, dies frühzeitig zu wissen.

Eingangstelefonate (Sie werden angerufen):

Vorfiltern über Sekretariat

Falls Sie die Möglichkeit haben und ein Anderer viele Ihrer Anrufe beantworten kann, leiten Sie Ihr Telefon um. Insbesondere wenn Sie telefonisch schlecht erreichbar sind, zum Beispiel wegen häufiger Außentermine, ist es für alle Seiten ärgerlich, wenn Sie mehrmals angerufen werden für Informationen, die ein Kollege ebenfalls geben könnte. Es ist auch ein Zeichen der Wertschätzung, wenn Ihre Mitarbeiter selbstständig und abschließend Anrufe für Sie beantworten können.

Bei Telefonaten, die Sie erledigen müssen, kann Ihr Sekretariat eine Telefonliste einsetzen, die die Rückrufe für Sie erleichtert.

Telefonliste

Name	Grund des Anrufes	Telefonnummer	bis spätestens

Telefonzeiten begrenzen

Versuchen Sie nicht, immer erreichbar zu sein. Wenn Sie in Besprechungen oder im Urlaub sind, können Sie schließlich auch keine Gespräche annehmen (so sollte es zumindest sein!). Planen Sie für Ihre A- und B-Aufgaben *stille Stunden* ein, in denen Sie ungestört arbeiten können. Idealerweise finden diese stille Stunden regelmäßig zu bestimmten Tageszeiten statt, möglichst zwischen 8:00 Uhr und 10:00 Uhr. Informieren Sie Ihre Kollegen und Ihre Geschäftspartner über ihre stillen Stunden.

Telefonate schnell abbrechen

Brechen Sie Telefongespräche möglichst schnell ab, wenn Sie gerade keine Zeit oder Lust haben. Es ist unhöflich und zeitraubend für beide Seiten, wenn der Anrufer erst seine gesamte Geschichte erzählt und Sie ihm danach sagen, dass Sie jetzt keine Zeit haben. Entschuldigen Sie sich kurz und bieten Sie einen Rückruf an oder vereinbaren Sie einen bestimmten Telefontermin.

Quasselstrippen abwürgen

Es gibt Menschen, die reden einfach gerne, aber warum unbedingt mit Ihnen? Wenn Sie merken, dass der Anrufer nicht auf den Punkt kommt oder gar keinen Punkt hat, unterbrechen Sie ihn. Fragen Sie nach, was Sie konkret für ihn tun können, oder stellen Sie zielgerichtete Fragen. Wenn er einfach weitererzählt, dann verweisen darauf, dass Sie gleich zu einem wichtigen Termin müssen und schon *auf dem Sprung* sind. Kaum einer wird fragen, wohin Sie springen. Ein Hinweis, dass Sie gerade eine wichtige Arbeit zu erledigen haben, ist für manche Anrufer leider kein Grund, sich kürzer zu fassen. Bitten Sie den Anrufer, sein Anliegen per E-Mail zu schreiben. Sie können damit Vielredner dazu bringen, ihr „Gedankenkarusell“ langsamer werden zu lassen und auf den Punkt zu kommen.

E-Mail statt Telefon

Nicht für jede Kommunikation ist das Telefon das geeignete Medium. Für komplexe Informationen ist es häufig sinnvoll, wenn diese per E-Mail übertragen werden. Dann haben Sie als Empfänger Zeit, sich einzuarbeiten, Rückfragen zu überlegen und den Zeitpunkt eines notwendigen Telefonats zu bestimmen. Wenn Sie beim Telefonieren mit einem neuen Anliegen konfrontiert werden, bitten Sie den Anrufer, die Informationen dazu stichpunktartig in einer E-Mail zusammenzufassen, um danach am Telefon darüber zu sprechen und eine Entscheidung zu finden.

Merke: Das Mail nutze ich, um Informationen zu liefern, das Telefon nutze ich, um zu kommunizieren!

Mit Checklisten arbeiten

Ähnlich wie bei Ausgangstelefonaten können Sie auch für typische Anfragen eine Checkliste bereithalten, um alle wesentlichen Punkte zu klären.

Mailbox

Ein paar Tipps, wie Sie sinnvoll mit Ihrer eigenen Mailbox umgehen:

- Eigene Mailbox kurz mit den wichtigsten Infos besprechen; lange Ansagen kosten Zeit, Geld und Nerven.
- Mailboxanrufe im Telefonblock bearbeiten.
- Überlegen Sie bei abgehörten Nachrichten, ob nicht ein Kollege der richtige Rückrufer ist. Dann sollte direkt der Kollege zurückrufen, ohne dass Sie nochmals mit einem Rückruf dazwischengeschaltet sind.
- Rückrufe priorisieren, das heißt der Wichtigste wird zuerst zurückgerufen. Werbeanrufer sollten Sie gar nicht zurückrufen. Lassen Sie das von einer Assistentin erledigen, die dem Werbeanrufer von Ihnen ausrichtet, dass Sie kein Interesse haben und er sich auch nicht mehr melden soll.
- Bei Besuchen und Besprechungen in Ihrem Büro, stellen Sie bitte Ihr Telefon sofort auf Kollegen oder auf die Mailbox um. Es ist unhöflich und zeitraubend, wenn Besucher immer wieder durch eingehende Anrufe unterbrochen werden. Es ist zudem gegenüber dem Anrufer unhöflich, wenn Sie ihm nur mit einem Ohr und unter Zeitdruck zuhören.

Telefon oder E-Mail

- Bei gleichartigen Infos an mehrere Adressaten ⇒ E-Mail
- Bei Fragen, Infoaustausch ohne Diskussionsbedarf ⇒ E-Mail
- Bei Quasselstrippen, unangenehmen Personen etc. ⇒ E-Mail
- *Langtelefonierer* sollten eher E-Mail verwenden, *Vielschreiber* eher Telefon
- Denken Sie immer darüber nach, was schneller geht. Eher die E-Mail, oder kurz das Anliegen am Telefon klären?

18. E-Mails

Denkt ans fünfte Gebot:
Schlagt eure Zeit nicht tot!
(Erich Kästner)

E-Mails sind für viele Berufstätige inzwischen der größte Zeiträuber der modernen Bürokommunikation! Kein Kommunikationsmedium hatte in den letzten Jahren eine vergleichbare Erfolgsbilanz vorzuweisen. Fluch und Segen liegen hier eng beieinander. Die geringen Kosten und die sekundenschnelle Verbreitung von E-Mails haben nicht nur deren Menge explodieren lassen, sondern auch den benötigten Zeitaufwand zur Bearbeitung. Daher im Folgenden einige grundlegende Zeitspartipps für Ihren Mailverkehr.

Analog zum Telefonieren gilt auch beim Mailen: Machen Sie sich mit Ihrem E-Mail-Programm vertraut. Egal ob Microsoft Outlook oder andere Programme, jedes Programm bietet eine Fülle zeitsparender technischer Hilfen für einfaches und schnelles Mailen.

E-Mail-Alarm abstellen

Einmal eingerichtet, ist dies wohl das effektivste Rezept im Kampf gegen Dauerstörungen durch E-Mails. Mit der Alarmfunktion, die Sie optisch und akustisch über eingehende E-Mails informiert, haben Sie den Sägeblatteffekt aktiviert. Bei 20 eingehenden E-Mails pro Stunde werden Sie 20-mal kurzzeitig in Ihrer Konzentration unterbrochen. Selbst wenn Sie keine einzige E-Mail beantworten, sind Sie in Gedanken 20-mal nicht bei Ihrer derzeitigen Aufgabe. Daher rät sogar die Bundesanstalt für Arbeitsschutz und Arbeitsmedizin dazu, den E-Mail-Alarm abzuschalten, und zwar vollständig, akustisch und optisch.

E-Mail-Blöcke bilden

Beantworten Sie Ihre eingehenden E-Mails nicht sofort, sondern möglichst in zeitsparenden Arbeitsblöcken. Zwei bis dreimal täglich (möglichst erst ab 10: 00 Uhr, nach dem Mittagessen und kurz bevor Sie die Tagesplanung für den nächsten Tag erstellen) reicht vollkommen aus. Falls möglich, rufen Sie auch nur dann Ihr E-Mail-Programm auf. Es ist auch möglich Ihr Programm so einzustellen, dass Sie E-Mails versenden können, ohne dass Sie dabei die eingegangenen E-Mails sehen können und dadurch wieder in Ihrer Konzentration gestört werden.

Kein E-Mail-Aktionismus

Verfallen Sie nicht in einen E-Mail-Aktionismus, dass Sie jede E-Mail möglichst gleich beantworten wollen. Nur weil E-Mails in Sekunden versendet werden können, heißt dies noch lange nicht, dass sie in Sekundenschnelle beantwortet werden müssen. Wenn es wirklich brennt, werden Sie sowieso angerufen, denn jeder weiß, dass man nicht ständig vor dem PC sitzt und auf E-Mails wartet und wenn heute mal Ihr Haus brennen sollte, dann schreiben Sie der Feuerwehr auch kein Mail. Mail ist nie das Medium für ganz dringende Anliegen, das weiß jeder. Setzen Sie sich deshalb durch E-Mails nicht unter Zeitdruck. Sie allein bestimmen über Ihre Arbeitsprioritäten. Ein Mail innerhalb von 24 Stunden zu bearbeiten reicht völlig aus, außer eine Mailadresse wird von mehreren Personen bearbeitet.

Bearbeitung der E-Mails

Das Ziel ist, dass Sie abends, bevor Sie Ihre Tagesplanung für den nächsten Tag erstellen, keine E-Mail mehr in Ihrem Posteingang haben, die Sie schon mal gelesen haben! Alle E-Mails, die Sie noch nicht gelesen haben, sind selbstverständlich noch im Posteingang. Wobei für die Schlauen unter uns:

Es gilt nicht, eine E-Mail zu lesen und dann wieder auf ungelesen zu setzen!

Sollten Sie hunderte von E-Mails in Ihrem Posteingang haben, dann können Sie gar keinen Überblick mehr haben. Sie haben dann ständig das Gefühl wahnsinnig viel Arbeit zu haben. Es ist ähnlich, wie bei einem Stapel mit Papier, der ungeordnet auf dem Schreibtisch verteilt ist. Der Stresspegel steigt und man hat immer das Gefühl, irgendetwas könnte im Stapel schlummern, das man nicht vergessen darf.

Gehen Sie nach den folgenden Schritten vor, wenn Sie Ihre Mails bearbeiten:

1. Schritt:
   Sie löschen als erstes alle Mails, die Sie gar nicht anschauen wollen, wie z. B. Spam.

2. Schritt:
   Sie öffnen die E-Mail, das Ihnen am wichtigsten erscheint und entscheiden danach, ob sie es löschen können. Wenn ja, dann tun Sie es.
   Wenn nein, dann folgt der

3. Schritt:
   Sie überlegen, ob sie es weiterleiten müssen, delegieren können, oder einen Teil davon delegieren müssen. Wenn ja, tun Sie es!
   Wenn nein,

4. Schritt:
   Müssen Sie es aufheben, da es eine wichtige Info ist, die Sie noch brauchen? Wenn ja, dann schieben Sie das Mail sofort in den richtigen Ordner. Achten Sie darauf, dass Sie nur wenige Ordner haben! Sie finden die E-Mail aufgrund der Suchfunktion leichter, wenn es nur wenige Ordner gibt. Überprüfen Sie aber, ob die Betreffzeile mit dem Inhalt übereinstimmt. Ansonsten ändern Sie die Betreffzeile, besonders dann, wenn ein E-Mail schon öfter hin und hergeschickt wurde und schon mehrere E-Mails mit der gleichen Betreffzeile existieren.

   Wenn nein, dann folgt:

5. Schritt:
   Sie überlegen, ob die Erledigung dieser E-Mails nur 3-5 Minuten dauert. Wenn ja, dann erledigen Sie diese sofort!

   Wenn nein, dann folgt:

6. Schritt:
   Muss das Mail heute noch erledigt werden, da es so wichtig ist? Wenn ja, dann erledigen Sie diese gleich, falls Sie gerade dazu kommen sollten. Wenn Sie es nicht sofort tun können, da es im Moment etwas Wichtigeres zu tun gibt, dann belassen Sie sie im Posteingang. Aber nicht auf ungelesen setzen, da ja die Regel gilt, dass bei Arbeitsende kein E-Mail mehr im Posteingang liegen darf, das schon mal gelesen wurde!

   Wenn die E-Mail heute nicht mehr erledigt werden muss, folgt:

7. Schritt:
   Sie setzen in die Betreffzeile das Datum, an dem Sie mit der Bearbeitung dieser E-Mails beginnen wollen, in der englischen Schreibweise 20200118. Schieben Sie die E-Mail in einen Ordner mit dem Namen To-do. Innerhalb dieses Ordners können Sie jetzt aufgrund des Datums in der Betreffzeile suchen bzw. der Ordner sortiert sich schon aufgrund des Datums in der richtigen Reihenfolge. Alle E-Mails, die Sie am heutigen Tag erledigen wollen bzw. aufgrund des Datums müssen, markieren Sie und schieben Sie zurück in den Posteingang. Bitte bearbeiten Sie diese E-Mails nie im To-do-Ordner, da Sie durch die anderen E-Mails, die sich in diesem Ordner befinden, nicht abgelenkt werden sollen.

Hier noch ein paar Bemerkungen zu Schritt 3:

Wenn Sie jemanden eine E-Mail mit einer Delegation schicken bzw. Sie jemanden ein Mail zur Bearbeitung weiterleiten, dann setzen Sie sich selbst bei dieser E-Mail auf „bcc“. Die E-Mail kommt automatisch wieder zu Ihnen zurück und jetzt fügen Sie bei diesem Mail das Datum in die Betreffzeile, an dem die Person, an die Sie die Aufgabe delegiert haben, die Erledigung an Sie zurücksenden soll, und schieben dieses Mail in den To-do-Ordner. So haben Sie eine Delegationsüberprüfung – und Sie können diese Delegation nicht vergessen und somit rechtzeitig einfordern. Sollte es eine Zuarbeit sein und bei der Ursprungsmail eine Bearbeitung für Sie dahinterstehen, dann setzen Sie das Datum ein, an dem Sie mit der Bearbeitung beginnen wollen. Das kann vor oder nach dem Datum sein, an dem Sie die delegierte Aufgabe zurückbekommen. Schieben Sie die E-Mail danach in den To-do-Ordner.

Hier noch ein Tipp zu den vorhandenen E-Mails in Ihrem Posteingang:

Sollten im Moment hunderte von E-Mails in Ihrem Posteingang schlummern, dann schieben Sie den kompletten Posteingang, die gelesenen Mails, in einen Ordner mit dem Namen „alte E-Mails“, starten Sie bei null, halten Sie den Posteingang nach diesem System „sauber“ und arbeiten Sie täglich fünf Minuten den alten Ordner ab.

Kurze Antworten direkt in die Betreff-Zeile schreiben

Wenn Sie eine kurze Antwort direkt in die Betreffzeile schreiben und mit EOM (end of message) beenden, muss der Empfänger die E-Mail nicht aufmachen. Generell können Sie mit einer sinnvollen Betreffzeile schon die wichtigsten Infos liefern, so dass der Empfänger die E-Mail auch später wiederfindet.

Sparsam mit cc und bcc umgehen

Die Möglichkeiten bei E-Mails ohne Aufwand viele Empfänger auf Kopie zu setzen, heißt nicht, dass dies auch immer sinnvoll ist. Sie werden dadurch zum Zeiträuber für andere und der Bumerangeffekt sorgt häufig dafür, dass Sie ebenfalls bei allen unwichtigen Kommentaren der Empfänger auf cc gesetzt sind und sich selbst eine unwichtige Information zu einer gewaltigen Kommunikationslawine aufbläht. Häufig wird cc verwendet, um sich abzusichern, nach dem Motto: „Ich habe ja alle informiert…“. Je mehr Sie dies für unrelevante Themen anwenden, desto weniger Beachtung wird Ihren E-Mails geschenkt.

Sollten Sie selbst viele E-Mails bekommen, bei denen Sie auf cc gesetzt sind, dann erstellen Sie sich eine Regel, mit dem so ein CC-Mail sofort in einen CC-Ordner geschoben wird, d. h., ich lasse vom System schon eine Priorisierung vornehmen. Sie bearbeiten Ihren Posteingang dann 3x täglich und Ihren CC-Ordner 1x täglich.

Keine Dauer-E-Mail-Korrespondenz

Diese Situation kennen Sie bestimmt: Sie erhalten eine E-Mail mit einer Anfrage, die Sie sogleich per Mail beantworten. Darauf kommt eine Rückfrage, die Sie ebenfalls wieder per E-Mail beantworten und gleich hinterher noch mal eine Zusatzfrage usw. Das heißt Sie kommunizieren mehrfach zeitgleich mit einer Person, von der Sie wissen, dass sie auch gerade vor dem PC sitzt. Sagen Sie frühzeitig Stopp und greifen Sie in diesem Fall zum Telefon; auf diese Weise lässt sich alles kürzer und schneller besprechen. Wenn Sie Ihre E-Mails in Arbeitsblöcken abarbeiten, wird Ihnen diese zeitgleiche E-Mail-Korrespondenz kaum passieren.

Kurze Zwischeninfo schreiben

Wenn die Bearbeitung einer E-Mail längere Zeit beansprucht, sollten Sie dem Empfänger eine kurze Zwischeninfo senden, ohne auf nähere Details einzugehen. Dies empfiehlt sich, wenn Sie eine E-Mail erst in ein paar Tagen (Faustregel: ab drei Tagen) konkret beantworten können.

Mit Antwortvorlagen arbeiten

Für regelmäßig ähnliche Antworten, zum Beispiel auf typische Infoanfragen etc. formulieren Sie vorgefertigte *Antwortbausteine/Antwortvorlagen* vor, die Sie dann schnell in die Antwort einfügen können. Sie sollten sich dafür ein eigenes Antwortvorlagen-Verzeichnis anlegen.

Nicht jede Anfrage beantworten

Werbung, unpassende Angebote, SPAM-Mails und alle E-Mails mit unklaren Absendern sollten Sie generell nicht beantworten. Dies gilt ebenso für Massenmails an große Verteiler; eine Massenmail bekommt keine individuelle Antwort! Die Löschtaste ist im E-Mail-Verkehr ein großer Zeitbeschleuniger und der Papierkorb in Ihrem Mailprogramm ist groß.

Markieren Sie die SPAM-Mails als Spam, damit das nächste von derselben Adresse gleich in den Spamordner geschoben wird.

Melden Sie sich bei jedem Newsletter, den Sie nicht brauchen, ab!

Zu guter Letzt:

Beachten Sie bitte die E-Mail-Etikette! Die Korrespondenz mit E-Mails unterliegt den gleichen Regeln der Höflichkeit und Rechtschreibung wie jede andere schriftliche Korrespondenz. Der Verzicht auf Zeichensetzung oder Groß- und Kleinschreibung wirkt schlampig und unseriös. Soviel Zeit muss sein!

Ein E-Mail sollte niemals zu lang sein, aber paar persönliche Worte tun auch gut!

19. Besucher

Diejenigen, die ihre Zeit schlecht nutzen, beschweren sich als Erste über deren Kürze.
(Jean de la Bruyere)

Auch wenn sich ein großer Teil der Kommunikation per Telefon und E-Mail abspielt, so gibt es nicht zuletzt und Gott sei Dank auch noch die direkte Kommunikation von Angesicht zu Angesicht. Aufgrund des gesamten Spektrums nonverbaler Kommunikation ist der persönliche Austausch in der Regel vorzuziehen, scheitert aber häufig an der Entfernung und dem damit verbundenen Zeitaufwand. Kommt es zu persönlichen Besprechungen, so sollten Sie auch dabei die Zeit sinnvoll nutzen; die Qualität misst sich bekanntermaßen nicht an der Länge von Meetings.

Besprechungen können zwischen zwei oder mehreren Menschen ablaufen, mit unterschiedlichen Gestaltungsmöglichkeiten hinsichtlich der Zeitnutzung. Im Folgenden wird zuerst auf die typische Situation einer geschäftlichen Verabredung oder des spontanen Austauschs zwischen zwei Personen eingegangen.

Einladen statt hinfahren

Sie können in der Regel viel Zeit sparen, wenn Sie Besucher zu sich einladen, statt diese selbst zu besuchen. Die Entscheidung *zu Dir oder zu mir* ist aber außer bei terminlichen Engpässen nicht vorrangig unter Zeitaspekten zu sehen, sondern vielmehr eine Frage der Geschäftsetikette. Zu höherrangigen Personen fahren Sie ebenso hin wie zu einem wichtigen Kunden; anderseits kann es für einen Kunden auch interessant sein, wenn Sie ihn zu sich einladen.

Feste Termine und feste Gesprächsdauer

Feste Termine erhöhen die Wertigkeit und Verbindlichkeit von Besprechungen. Wenn sich herumspricht, dass Sie immer in Ihrem Büro anzutreffen und ansprechbar sind, dann werden Sie oft angesprochen und in Ihrer Arbeit gestört. Zeitmanagement heißt auch, nicht für jeden zu jeder Zeit beliebig verfügbar zu sein. Sie sollten jedoch nicht nur Termine, sondern auch die Gesprächsdauer vereinbaren, damit beide Seiten zeitlich und inhaltlich planen können. Sprechen Sie die geplante Gesprächsdauer zu Beginn eines Meetings nochmals an und achten Sie möglichst auf deren Einhaltung; dies ist ein Zeichen von Professionalität und bei Anschlussterminen oder weiteren wichtigen Aufgaben schlichtweg eine Notwendigkeit.

Termine priorisieren

Nicht jeder, der mit Ihnen reden möchte, kann auch mit Ihnen reden, genauso wie Sie nicht überall einen Termin bekommen werden. Vergeben Sie Termine nach der Priorität der Besucher. Aus Ihrer Sicht unwichtigen Besuchern müssen Sie keinen Termin anbieten, auch wenn es angeblich nur ein paar Minuten dauert! Eine Fülle von unwichtigen Kleinbesprechungen ist der Sand in Ihrem Kieselbehälter – Ausnahmen erlaubt! Terminverschiebungen oder spontane Termine hängen von der Priorität der Besucher und der damit verbundenen Aufgaben ab. Wichtige Treffen und wichtige Personen haben Vorrang. Damit Sie dadurch nicht ständig Ihren eigenen Kalender über den Haufen werfen und Gesprächspartner verärgern, bauen Sie reichlich Pufferzeiten in Ihrer Tages- und Wochenplanung ein.

Pufferzeiten

Pufferzeiten sollten Sie ebenso vor und nach Terminen einbauen, um Verschiebungen oder Verspätungen auffangen und ein Gespräch ohne Zeitdruck zu Ende bringen zu können. Nutzen Sie Pufferzeiten zur kurzfristigen Vor- und Nachbereitung von Besuchen.

Vorbereiten

Die Zeit der Vorbereitung erspart Ihnen Gesprächszeit. Sie können schnell auf den Punkt kommen, wenn Sie Ihre Unterlagen parat haben und die wichtigsten Infos kennen. Bereiten Sie bei wichtigen Gesprächen eine Checkliste mit allen wichtigen Fragen vor; dies wirkt nicht hilflos, sondern professionell. Arbeiten Sie bei der Vorbereitung von Terminen mit Ihrer Wiedervorlage, in der Sie alles Dazugehörende sammeln.

Stille Stunden beachten

Stille Stunden, in denen Sie an Ihren A-Aufgaben arbeiten, sollten für Terminvereinbarungen möglichst tabu sein. Tragen Sie diese Zeiten als festen Termin in Ihren Kalender ein und behandeln sie diese so. Informieren Sie Geschäftspartner, Kollegen und Sekretariat und vereinbaren Sie Besuchszeiten und Signale (z. B. *geschlossene Tür mit einem Schild: Bin ab ...Uhr wieder erreichbar!*).

Quasselstrippen stoppen

Weisen Sie Quasselstrippen auf die Zeitbegrenzung hin, verweisen Sie auf echte oder fiktive Anschlusstermine und drängen Sie darauf, dass Sie mit allen Gesprächspunkten fertig werden möchten.

Vorsicht mit Zusagen

Machen Sie in Gesprächen keine voreiligen Zusagen oder Hilfsangebote, wenn es nicht erforderlich und nützlich ist. Sätze wie: *„Ich kann Ihnen mal diese Infos besorgen oder jenen Kontakt vermitteln"*, sind schnell gesagt und werden, auch wenn Ihr Gesprächspartner kein Interesse hat, dankbar angenommen.

Klare Vereinbarungen

Beenden Sie das Gespräch mit klaren Vereinbarungen. Dies erspart Ihnen Zusatztermine oder Telefonate, in denen vieles nochmals aufgerollt und wiederholt wird. Eine kurze Gesprächsnotiz ist für beide Seiten sinnvoll.

Zu guter Letzt:

Führen Sie Kurzbesprechungen mit Kollegen im Stehen durch, oder bei einem kurzen Spaziergang (Walk to talk). Dann geht es schneller und es ist klar, dass es keine *Sitzung* ist!

20. Besprechungen

Die Leute, die niemals Zeit haben,
tun am wenigsten.
(Christoph Lichtenberg)

Viele Besprechungen wurden anscheinend per Kontaktanzeige einberufen:

> Sind Sie einsam?
> Sind Sie es leid, allein zu arbeiten?
> Hassen Sie es, Entscheidungen zu treffen?
> Dann gehen Sie zu einer Besprechung!
> Sie können dort Leute treffen,
> sich wichtig fühlen,
> Ihre Kollegen beeindrucken
> und dies alles während der Arbeitszeit!

Besprechungen sind für viele Arbeitnehmer zentraler Bestandteil ihres Arbeitslebens; je höher die hierarchische Position, desto mehr Zeit wird in Meetings verbracht. Da Führungskräfte oft über 60 % Ihrer Arbeitszeit in Sitzungen verbringen, sind Besprechungen einer der größten Zeiträuber im Tagesablauf.

Dennoch sind Meetings selten ein Thema im persönlichen Zeitmanagement, vermutlich aus dem Irrglauben, dass sie sowieso nicht zu ändern sind. Wenn Sie jedoch nur Ihre reine Bürozeit am Schreibtisch als Bezugsgröße Ihres Zeitmanagements begreifen, dann können Sie auch nur diesen Anteil Ihrer Arbeitszeit beeinflussen. Betrachten Sie Meetings als Teil Ihres Zeitmanagements und versuchen Sie die Auswahl und den Ablauf von Besprechungen zu beeinflussen. Auch mit kleineren Änderungen lässt sich in der Summe viel Zeit sparen.

Besprechungsleiter:
Als Organisator und Moderator eines Meetings können Sie natürlich am besten den Ablauf von Besprechungen beeinflussen. Wenn Sie regelmäßig in dieser Rolle sind, sollten Sie sich mit dem Thema Moderation und Besprechungsmanagement auseinandersetzen; dies soll an dieser Stelle nicht näher thematisiert werden. Es geht bei der Verbesserung von Besprechungen nicht nur um eine

kürzere Sitzungsdauer und eine höhere Ergebnisqualität. Mehr Output durch weniger Input, gelingt indem Sie

- nur die richtigen und wichtigen Teilnehmer einladen,
- eine Tagesordnung im Vorfeld abstimmen,
- den Zeitrahmen vorgeben und auf die Zeit achten,
- die Moderation vorbereiten,
- Ergebnisse und Maßnahmen während der Sitzung visualisieren,
- die Besprechung aktiv leiten.

Ein wichtiges Instrument dabei ist der *Zeitwächter*.

Zeitwächter

Die Funktion des Zeitwächters ist es, die Diskussionsdauer der einzelnen Tagesordnungspunkte kritisch zu überwachen. Die Rolle des Zeitwächters sollte nicht der Leiter einer Besprechung übernehmen. Der Leiter sollte diese Rolle einem Teilnehmer übertragen und bei mehreren Sitzungen im gleichen Teilnehmerkreis rotieren lassen.

Legen Sie vor Beginn einer Sitzung die Gesamtdauer festgelegt und vereinbaren Sie, wie lange die einzelnen Themen diskutiert werden sollen. Der Zeitwächter hat eine gelbe und rote Karte oder anderer Symbole als Zeitsignal. Ca. zehn Prozent vor Ablauf der vereinbarten Zeit eines Tagesordnungspunkts hebt der Zeitwächter stumm die gelbe Karte als Zeichen, dass sich die vereinbarte Zeit zu Ende neigt.
Rot heißt: Die Zeit ist vorbei.

Das bedeutet nicht, dass die Diskussion nun mitten im Satz ergebnislos beendet wird. Es ist vielmehr ein Signal für alle, dass ab sofort die Zeit bewusst überschritten wird. Der Moderator vereinbart mit der Gruppe neu, wie lange die Diskussion eines wichtigen Themas nun verlängert werden könnte.

Das stille Heben von Karten durch den Zeitwächter hat den Vorteil, dass die Diskussion nicht unterbrochen wird und alle dennoch das Signal wahrnehmen und verstehen. Der Zeitwächter hat eine neutrale Rolle. Er ist nicht der Besserwisser einer Sitzung, der immer unterbricht und die Anderen genervt auf die Zeit hinweist, sondern er hat nur diese zugewiesene Zeitwächterfunktion. Bei der nächsten Sitzung übernimmt ein Anderer diese Aufgabe.

Ein weiteres Instrument des Meetingleiters, Sitzungen *wichtig* zu machen, ist zu Beginn kurz mit der Gruppe die „Wichtigkeit" der Tagesordnungspunkte auf der Agenda zu bewerten. Am schnellsten geht dabei eine Punktebewertung ohne Diskussion, in dem jeder zum Beispiel insgesamt drei Punkte für die drei aus seiner Sicht wichtigsten TOPs vergibt (jeweils ein Punkt pro TOP). Daraus ergibt sich automatisch eine Reihenfolge, die der Besprechungsleiter natürlich im Einzelfall aufgrund wichtiger Mitteilungen auch ändern kann.

In der Sitzung werden dann zuerst immer die wichtigsten Punkte diskutiert, und am Ende der Sitzung ist zumindest das Wichtigste erledigt.

Falls sich Sitzungen verzögern, weil einzelne Teilnehmer zu spät kommen, kann der Besprechungsleiter auch wichtige Entscheidungen grundsätzlich an den Sitzungsanfang stellen. Sobald dies bekannt ist, wird sich die Pünktlichkeit der Teilnehmer schlagartig erhöhen.

Um die Kosten einer Sitzung sichtbar zu machen, können Sie auch einen *Sitzungs-Kostenzähler* aufstellen. Dies ist eine Uhr, bei der Sie die Gehaltskosten pro Minute der gesamten Anwesenden einstellen können (zum Beispiel zehn Personen mit Ø 2.000 € Monatsgehalt = ca. 8,30 €/min. oder 500 €/Stunde). Stellen Sie die Uhr sichtbar in die Mitte und alle wissen, was sie ihrem Unternehmen antun.

Das Protokoll

Die Effektivität erhöht sich weitgehend, wenn das Protokoll gleich während der Sitzung geschrieben wird. Am sinnvollsten ist es, einen Beamer einzusetzen, damit jeder Teilnehmer sieht, was vereinbart wird und es im Nachhinein keine Einwände mehr geben kann. Nachträglich ein Protokoll zu schreiben, bedeutet viel zu viel Zeitaufwand!

Wenn Sie ein Protokoll schreiben, dann achten Sie darauf, dass Beschlüsse, oder Infos immer von Aufgaben getrennt aufgeschrieben werden. Es gibt dafür zwei Protokolle zur besseren Übersicht.

Am Beginn der nächsten Sitzung kann ich mein To-do-Protokoll aufgrund des Datums sortieren und alle To-dos bis zum heutigen Datum abfragen. Die Aufgaben, die erledigt sind, werden aus dem To-do-Protokoll gelöscht und ein daraus erfolgter Beschluss kann dann im Info-Protokoll aufgenommen werden.

Sollte eine Aufgabe nicht zur vereinbarten Zeit erledigt worden sein, bleibt die Aufgabe mit der ursprünglichen Erledigungszeit im Protokoll stehen. Es erhöht sich somit der Druck, so dass die Aufgabe endlich erledigt wird.

To-do-Protokoll

Thema	Aufgabe	wer	bis wann

Beschluss-Protokoll Datum:

Thema	Beschluss/ Info

Besprechungsteilnehmer

Auch als *einfacher* Teilnehmer können Sie zu einer effektiven Sitzung aktiv beitragen. Dazu ein paar Anregungen:

Muss ich da hin?

Analysieren Sie bei jeder Einladung zu einem Meeting die Notwendigkeit Ihrer Anwesenheit. Manchmal werden Sie eingeladen, weil jeder eingeladen wird, manchmal, weil Sie in den falschen Verteiler geraten sind und manchmal, weil jede Abteilung im Meeting paritätisch vertreten sein soll. Ist das sachlich und inhaltlich wirklich sinnvoll? Können sie wirklich etwas beitragen? Haben Sie eine bessere Idee, kennen Sie einen besser geeigneten Teilnehmer?

Sagen sie es dem Besprechungsorganisator. Eine Sitzung, bei der Sie nicht dabei sind, spart nicht nur Ihnen Zeit. Auch die anderen Teilnehmer einer Sitzung profitieren von einem kleineren Kreis aus wenigen *Richtigen*, die wirklich etwas zu einem Thema beitragen können.

Geht es nicht auch anders?
Regelmäßige Sitzungen werden in ihrem Nutzen häufig nicht hinterfragt. Sie finden statt, weil sie eben immer stattfinden. In vielen Unternehmen sind Besprechungen auch häufig die erste Wahl (wenn man nicht mehr weiter weiß, gründet man einen Arbeitskreis!). Versuchen Sie die Zahl Ihrer Sitzungen zu begrenzen und machen Sie Alternativvorschläge. Manches lässt sich auch in einer Telefonkonferenz besprechen.

Was wollen wir eigentlich?
Fragen Sie vorab nach der Tagesordnung und dem Zeitrahmen. Was ist der Sinn und Zweck des Meetings? Sie können sich entsprechend zielgerichtet vorbereiten. Tragen Sie selbst zum zügigen Ablauf bei, indem Sie sich auf das Thema konzentrieren und nicht abschweifen. Durch Ihre Vorbereitung im Vorfeld sparen Sie nicht nur die eigene Zeit, sondern auch die Zeit aller Teilnehmer und können die Diskussion maßgeblich in Ihrem Sinne beeinflussen.

Was heißt das genau?
Versuchen Sie Aufträge, die Sie in einem Meeting erhalten, gleich während der Besprechung möglichst genau zu klären. Was ist zu tun, was reicht aus, wer macht mit? Im Meeting haben Sie alle Beteiligten zusammen und können unklare Punkte gleich ansprechen. Nach dem Meeting dauert es viel länger, diese

Aspekte zu klären. Sie können in der Sitzung auch gleich delegieren oder versuchen Andere mit einzubinden, wenn Sie erkennen, dass dies sinnvoll wäre. Versuchen Sie jeden Auftrag gleich zeitlich zu klären (bis wann?), die Auswirkungen einzuschätzen und im Umfang abzumildern.

Da war doch schon etwas?
Verweisen Sie bei der Einberufung neuer Arbeitskreise auf bestehende Meeting-Runden, in denen die gleiche Thematik bereits diskutiert wurde. Manches wurde auch in der gleichen Runde schon einmal diskutiert und das Ergebnis protokolliert. In Ihrem *Beschluss-Protokoll*, in der Sie unabhängig vom To-do-Protokoll alle Beschlüsse festhalten, wissen Sie gleich, wo Sie die früheren Entscheidungen finden.

Was bedeutet das?
Versuchen Sie höflich, die anderen am eigentlichen Thema einer Besprechung zu halten, auch wenn dies natürlich in erster Linie die Aufgabe des Besprechungsleiters ist. Dennoch können auch Sie zwischendurch einen Punkt zusammenfassen und nachfragen, was als Ergebnis festzuhalten ist.

Achtung: Team-Besprechungen!

Keine Stellenanzeige kommt heutzutage ohne die Schlüsselqualifikation *Teamfähigkeit* aus. Dabei geht es nicht nur um das sozialverträgliche Miteinander im Kollegenkreis, sondern immer mehr um die Zusammenarbeit in abteilungsübergreifenden Teams und das Sich-Einbringen in Teambesprechungen. Teamarbeit im Unternehmen gilt per se als modern und partnerschaftlich.

Leider wird bei diesem Trend die Teamarbeit häufig für die Diskussion klassischer Einzelaufgaben missbraucht und dadurch zu einem Zeiträuber für alle Beteiligten.

Teams im Unternehmen sollten nur gebildet werden, wenn es sich tatsächlich um bereichsübergreifende Aufgaben handelt, die eine Abstimmung mehrerer Mitarbeiter erfordern. Der *Gewinn* der Teambesprechung muss größer sein als die *Summe* der verwendeten Zeit aller Mitglieder.

Selbst wenn Aufgaben mehrere Bereiche betreffen, sind diese nicht alle gleichermaßen für Teamarbeit geeignet:

- Diskussion von neuen Ideen, Herausforderungen → Teamarbeit
- Analyse von Sachverhalten, Daten... → Einzelarbeit
- Entscheidungsvorbereitung, Entscheidungsvorlagen → Einzelarbeit

- Diskussion und Entscheidung → Teamarbeit
- Umsetzung von Aufgaben (Konzeptentwicklung etc.) → Einzelarbeit

Der weitaus größte Teil einer bereichsübergreifenden Aufgaben- oder Projektabwicklung ist Einzelarbeit. Dazu zählen die gesamte Vorbereitung von Entscheidungen und die notwendige Informationsrecherche sowie die Umsetzung von Entscheidungen. Dennoch werden viele dieser Arbeitsschritte auf Teams delegiert und in aufwändigen Teambesprechungen diskutiert. Der Grund liegt oft darin, dass Einzelne die Verantwortung auf die Schultern mehrerer verteilen wollen oder muntere Teamdiskussionen einer konzentrierten Einzelarbeit vorziehen. Vielleicht steckt auch die Hoffnung dahinter, bestimmte Aufgaben abwälzen zu können (TEAM = Toll, ein Anderer macht's)

Die Ergebnisse werden meist besser und die Besprechungen zügiger, wenn die verschiedenen Aufgaben von einzelnen Personen vorbereitet werden und dann auf einer konkreten Basis diskutiert und entschieden wird.

Zu guter Letzt:

Meetings und Teamsitzungen sind nicht generell etwas Schlechtes. Sie werden bei zunehmender Vernetzung sogar immer wichtiger und haben auch eine soziale Funktion. Ein regelmäßiger Austausch mit Kollegen und ein persönliches Kennenlernen von Geschäftspartnern fördert die Zusammenarbeit und verbessert die Ergebnisse. Umso wichtiger ist es jedoch, dass sie auf die wirklichen Besprechungsanlässe begrenzt und effektiv durchgeführt werden. Ansonsten entsteht Sitzungskoller bei allen Beteiligten. Und nicht vergessen: Zu einer lockeren Gesprächsatmosphäre gehört auch Smalltalk – soviel Zeit muss sein!

21. Wartezeiten

Alles hat seine Zeit.
(Salomo)

Wartezeiten sind ein klassischer externer Zeiträuber, den Sie nur in seltenen Fällen beeinflussen können. In der Regel kommen Wartezeiten zum ungünstigsten Zeitpunkt und Sie sind ihnen hilflos ausgeliefert. Diese Hilflosigkeit ist meist der Grund für maßlosen Ärger, ohne dass sich an der Situation etwas ändert; Wartezeiten werden durch Ärgern nicht kürzer. Daher gilt als wichtigster Grundsatz:

Akzeptieren Sie Wartezeiten, Sie können sie zumindest im Moment nicht ändern!

Wartezeiten sind zwar meist unnötig, müssen für Sie jedoch nicht umsonst sein, wenn Sie diese zeitlich sinnvoll nutzen.

Betrachten Sie Wartezeiten als ein Geschenk des Himmels. Endlich haben Sie jenseits der Alltagsarbeit, die Zeit zum geruhsamen Nachdenken, die Sie immer vermissen. Sie werden in der operativen Hektik abrupt ausgebremst und finden endlich Zeit für strategische Überlegungen. Nutzen Sie die Zeit!

- Wartezeiten sind Zeiten des Nachdenkens.
- Wartezeiten sind Zeiten der Ruhe und Entspannung.
- Wartezeiten sind wichtige Stoppzeiten im Arbeitsalltag.

Es sind zwei Arten von Wartezeiten zu unterscheiden, planbare und völlig unerwartete Störungen.

Planbare Wartezeiten sind Zeiten, die Sie einplanen können und sollten (Wartezeiten am Flughafen oder beim Zahnarzt, der übliche Stau am Montagmorgen oder der Termin bei XY, der sich immer verzögert...). Auch mit unerwarteten Störungen können Sie rechnen, Sie wissen nur nicht wann. Egal, ob planbar oder unerwartet: Überlegen Sie sich bereits vorher in Ruhe, wie Sie Ihre Wartezeiten sinnvoll nutzen können.

Zeit für Berufliches

- Denken (Konzepte, Strategien entwickeln); dafür ist in der Alltagshektik oft keine Zeit!

- Fachliteratur mitnehmen und lesen; die persönliche Weiterbildung kommt oft zu kurz.
- Telefonate führen, E-Mails mit dem Smartphone bearbeiten etc.
- Korrekturen erledigen.

Zeit für Entspannung

- Musik oder Hörbuch hören
- Schlafen, träumen
- Lesen
- Spazieren gehen, Gymnastik
- Bummeln, shoppen

Die meisten der genannten Möglichkeiten können Sie auch bei ungeplanten Wartezeiten (unerwarteter Stau, Terminausfall etc.) ausüben. Wartezeiten sind zwar ärgerlich, Sie sollten sich jedoch nicht zu sehr ärgern, sondern das Beste daraus machen. Dies gilt auch, wenn Ihr PC mal wieder streikt – eine der nervigsten Wartezeiten im Büroalltag.

Der PC streikt!

Egal wie gut Ihre *EDV* im Unternehmen arbeitet, praktisch jeder PC streikt hin und wieder. Da EDV-Probleme in jedem Betrieb auftauchen, ist das Verständnis Externer für diese Probleme durchaus vorhanden. Was können Sie in dieser Situation machen?

- Umgehungsstrategien: Was ich schon immer mal machen wollte...! (Ablage, Ausmisten, Nachdenken und vieles mehr)
- Auf *Old-Fashion-Methoden* zurückgreifen! (handgeschriebenes Fax, Telefon statt E-Mail etc.)
- Pufferzeiten einbauen! (eigene, vorgezogene Deadlines setzen; Zeitpuffer für EDV-Probleme einbauen; Sie wissen selbst am besten, wie viel Puffer Sie in Ihrer Arbeit dafür einplanen müssen.)
- Doppelte Buchführung! (wichtige Infos, Daten, Termine etc. auch auf Papier ablegen...)
- Einen Stand-alone-Rechner, Laptop etc. in der Abteilung bereithalten.
- Internes Spontan-Meeting vereinbaren! (Jour-Fix verlegen; Workshop zu *PC-Problemen* organisieren)
- Überstunden abbauen! (wenn gar nichts geht)

22. Externe Zeiträuber

Was hilft es, bessere Zeiten zu wünschen und zu hoffen?
Ändert Euch selbst, so ändern sich auch die Zeiten.
(Benjamin Franklin)

Nicht alle Widrigkeiten und Störungen im Arbeitsalltag können Sie durch Ihr persönliches Zeitmanagement ausgleichen. Das Wesen externer Zeiträuber liegt darin, dass sie primär außerhalb Ihrer direkten Einflusssphäre liegen. Externe Zeiträuber, die es in jedem Unternehmen gibt, werden durch unflexible Organisationsstrukturen, überflüssige Hierarchien, bürokratische Vorschriften, unklare Zuständigkeiten, lange Dienstwege, fehlende Informationen oder undurchsichtige Kommunikationsstrukturen und vielem mehr verursacht. Den daraus entstehenden Zeitaufwand werden Sie selbst durch das beste Zeitmanagement nur bedingt ausgleichen können. Die Früchte Ihrer persönlichen Zeitkompetenz werden Ihnen durch solche Blockaden oft zunichte gemacht.

Auch wenn Sie diese externen Zeiträuber nicht ohne weiteres aus der Welt schaffen können, so sollten Sie diese dennoch nicht einfach akzeptieren. Die allermeisten Zeiträuber sind durch Menschen verursacht, daher können Sie auch nur von Menschen verändert werden (Ausnahmen wären zum Beispiel technische Beschränkungen im Arbeitsablauf). Das heißt, Sie müssen für Veränderungen kämpfen, Bedingungen nicht kommentarlos hinnehmen, sondern kommentieren.

Verdeutlichen Sie, wie sehr interne Bürokratie zu Lasten der Arbeitsergebnisse geht. Sprechen Sie offene Punkte in geeigneten Besprechungen oder im Mitarbeitergespräch mit Ihrem Vorgesetzten immer wieder an. Machen Sie klar, wie sehr Sie durch externe Zeiträuber an ihre zeitlichen Grenzen stoßen.

Als Arbeitnehmer haben Sie die Pflicht, Ihre Arbeitszeit bestmöglich im Sinne Ihres Unternehmens einzusetzen. Dazu gehört, dass Sie durch Ihr hervorragendes Zeitmanagement beste Ergebnisse liefern. Dazu gehört aber auch, dass Sie trotz bestem Zeitmanagement bestimmte Ergebnisse nicht liefern oder bestimmte Aufgaben nicht erledigen, wenn dies durch andere Faktoren verhindert wird. Unerfüllbare Ziele und unzureichende Ergebnisse müssen auch sichtbar werden. Nur dann werden im Unternehmen die Ursachen analysiert und auch nur dann besteht eine Chance, dass externe Zeiträuber auf den Prüfstand kommen und abgestellt werden.

Sprechen Sie daher externe Zeiträuber immer wieder an. Externe Zeiträuber, wie zum Beispiel Bürokratie, haben sich häufig über einen sehr langen Zeitraum verfestigt und werden kaum von heute auf morgen beseitigt. Sie benötigen daher einen langen Atem – aber was ist die Alternative? Sie können externe Zeiträuber nur Stück für Stück reduzieren, wenn Sie sich täglich darum bemühen. Zeigen Sie Lösungen auf, die sinnvoller und zeitsparender sind. Im Kampf mit diesen Zeiträubern kann es sein, dass Sie auf Widerstände stoßen, denn die Existenz externer Zeiträuber hat meist auch eine Menge *guter* Gründe.

Zu guter Letzt:

Zeitmanagement ist kein Hexenwerk, das hat dieses Buch hoffentlich deutlich gemacht. Zeitmanagement ist vielmehr ein Handwerk und ein Kunstwerk. Das Handwerk besteht in der routinierten, durch Übung kontinuierlich verbesserten Anwendung einfacher Regeln und Arbeitsweisen. Das Kunstwerk liegt darin, dass Sie die Regeln individuell für sich gestalten und bereit sind, diese flexibel anzupassen.

Darüber hinaus ist Zeitmanagement eine Willenssache. Sie müssen tatsächlich den Willen haben, besser mit Ihrer Zeit umgehen zu wollen. Lernen Sie Ihre Zeit zu lieben und warten Sie nicht auf einen Schicksalsschlag, der Ihnen plötzlich den Wert Ihrer Zeit bewusst macht.

Du weißt nicht mehr
wie Blumen duften,
kennst nur die Arbeit,
nur das Schuften,
so gehen sie hin
die schönen Jahre,
auf einmal liegst
Du auf der Bahre.
Und hinter Dir
da grinst der Tod:

Kaputt gerackert
VOLLIDIOT!

(Joachim Ringelnatz)

Literaturliste zum Thema Zeit- und Selbstmanagement

Zur kurzen Einführung:

Lothar J. Seiwert, 30 Minuten für optimales Zeitmanagement, Gabal

Grundsätzliches zum Thema Zeitbewusstsein:

Karl-Heinz A. Geisler, Zeit verweile doch – Lebensformen gegen die Hast, Herder-Spektrum

Karl-Heinz A. Geisler, Vom Tempo der Welt, Herder-Spektrum

Elmar Hatzelmann, Martin Held, Zeitkompetenz: Die Zeit für sich gewinnen, BELTZ

Stefan Klein, Zeit – der Stoff aus dem das Leben ist, S. Fischer

Jörg W. Knoblauch, Johannes Hüger, Markus Mockler, Dem Leben Richtung geben, Campus

Robert Levine, Eine Landkarte der Zeit, Piper

Lothar J. Seiwert, Wenn du es eilig hast, gehe langsam, Campus

Praktische Ratgeber:

Lothar J Seiwert, Noch mehr Zeit für das Wesentliche, Ariston

Jörg W. Knoblauch, Johannes Hüger, Markus Mockler, Ein Mehr an Zeit – die neue Dimension des Zeitmanagements, Campus

Cordula Nussbaum, Organisieren Sie noch oder leben Sie schon? Zeitmanagement für kreative Chaoten, Campus

Mark A. Pletzer, Mach dir das Leben leichter – Zeitmanagement das Trainingsbuch, Hauffe

Claudia Behrens-Schneider (Hrsg.), Heike Engler, Perfektes Selbst- und Zeitmanagement für Sekretariat und Assistenz, Redline Wirtschaft

Bücher zum Thema Einfachheit:

Werner Tiki Küstenmacher, Lothar J. Seiwert, Simplify your Life – einfacher und glücklicher leben, Campus

Dieter Brandes, Einfach managen – Klarheit und Verzicht, der Weg zum Wesentlichen, Redline Wirtschaft

Bill Jensen, Radikal vereinfachen, Campus

Sonstiges rund um Zeitmanagement:

Christa Bär, Bermuda-Dreieck Schreibtisch – Ordnung und Organisation für Ihren Arbeitsplatz, Südwest

Marcus Buckingham, Donald O. Clifton, Entdecken Sie Ihre Stärken jetzt!, Campus

Timothy Ferris, Die 4-Stunden-Woche, Econ

Hedwig Kellner, Ein klares Nein muss manchmal sein, Hösel

Jürgen W. Goldfuß, Erfolg durch professionelles Delegieren, Campus

Lothar J. Seiwert, 30 Minuten für deine Work-Life-Balance, Gabal

Lothar Seiwert, Holger Wöltje, Christian Obermayr, Zeitmanagement mit Microsoft Office Outlook, Microsoft Press

Mark Stollreiter, Johannes Völgyfy, Selbstdisziplin – handeln statt aufschieben, Gabal